Augmented Reality Game Development

AR游戏：
基于Unity 5的增强现实开发

[加]Micheal Lanham

龚震宇 周克忠 译

电子工业出版社
Publishing House of Electronics Industry
北京·BEIJING

内容简介

本书介绍如何基于 Unity 引擎制作一个 AR（增强现实）游戏。作者设计了一个类似于 Pokemon Go 的游戏，手把手指导读者一步步制作出来。开篇介绍如何设置针对 iOS 及 Android 手机平台的 Unity 开发环境，接着把游戏角色投射到真实的地理环境中，然后根据真实地理信息生成猎物，并使玩家与之交互，最后介绍如何利用云存储保存游戏进度等，以让游戏更加完整。其中，如何设计并开发基于地理信息的模块，包括 GIS、GPS 等入门介绍，以及通过对 Unity 的详细介绍，带领读者快速入门 Unity 游戏编程，对读者的帮助尤其明显。本书适合对手机游戏开发有兴趣的编程爱好者，只要具备一些程序语言基础，并不需要熟悉 Unity 引擎。

Copyright ©2017 Packt Publishing. First published in the English language under the title 'Augmented Reality Game Development'.

本书简体中文版专有出版权由 Packt Publishing 授予电子工业出版社。未经许可，不得以任何方式复制或抄袭本书的任何部分。专有出版权受法律保护。

版权贸易合同登记号　图字：01-2017-2755

图书在版编目（CIP）数据

AR 游戏：基于 Unity 5 的增强现实开发 /（加）米歇尔·拉纳姆（Micheal Lanham）著；龚震宇，周克忠译. —北京：电子工业出版社，2018.4
书名原文：Augmented Reality Game Development
ISBN 978-7-121-33752-9

I. ①A… II. ①米… ②龚… ③周… III. ①游戏程序－程序设计 IV. ①TP317.6

中国版本图书馆 CIP 数据核字（2018）第 036160 号

责任编辑：张春雨
印　　刷：三河市君旺印务有限公司
装　　订：三河市君旺印务有限公司
出版发行：电子工业出版社
　　　　　北京市海淀区万寿路 173 信箱　　邮编：100036
开　　本：787×1092　1/16　印张：17　字数：435.2 千字
版　　次：2018 年 4 月第 1 版
印　　次：2018 年 4 月第 1 次印刷
定　　价：79.00 元

凡所购买电子工业出版社图书有缺损问题，请向购买书店调换。若书店售缺，请与本社发行部联系，联系及邮购电话：（010）88254888，88258888。
质量投诉请发邮件至 zlts@phei.com.cn，盗版侵权举报请发邮件至 dbqq@phei.com.cn。
本书咨询联系方式：（010）51260888-819　faq@phei.com.cn。

推荐序

这本书非常适合没有任何 AR 开发经验，甚至没有游戏开发经验的开发者，从零开始学习增强现实的开发。文章的内容从安装 Unity 引擎和配置相关环境开始，进而介绍 AR 及游戏开发中的一些基本概念等，整个讲解过程循循善诱，使初学者不用担心错过任何一个细节而止步不前。

学习软件开发的最佳方式就是学习案例，并亲自动手实现。如果像传统的教科书过多地介绍概念和理论，往往让读者读完之后仍不能独自完成一个完整的作品。这本书介绍了目前最火爆的一款 AR 游戏 Pokemon Go，并将其关键技术一一拆解，章节顺序遵循游戏开发的标准流程，使读者在学习相关的技术以外也能了解到游戏开发的工作流程。

AR 被很多人认为是一种革命性的技术，因为它并不是一个游戏专用的技术。恰恰相反，AR 被认为在未来可能会影响到每个人日常生活的方方面面。比如 AR 眼镜可以在现实世界的背景上增加虚拟的画面。当你在商场购物时，戴上它你可以看到每一样商品的详细信息。当你需要导航时，再不用担心看不懂地图，它可以在现实世界里叠加虚拟的导航路线，即使是路痴也只要跟着箭头的方向行走即可。AR 技术还可以应用在很多领域，这里不再一一阐述。

这本书介绍的核心工具是 Unity 引擎。就像 AR 技术一样，Unity 已经不仅仅是一款游戏引擎。在游戏行业以外，它已经被应用在 AR、VR、影视、建筑可视化（BIM），甚至汽车制造等领域。Unity 是全球应用最广的 VR、AR 开发平台，目前全球大部分的 VR、AR 内容都是通过 Unity 开发的。就 AR 来说，具体的技术还分很多种，比如 AR Kit、AR Core、Vuforia、Hololens、Magic Leap 等。Unity 是目前唯一一个官方支持所有 AR 技术的开发平台。可以说 Unity 是目前学习 AR 技术、开发 AR 产品的最佳工具。

就像其他所有的新兴技术一样，AR 处于发展的最初期，技术和硬件上还存在着些许不足。但是由于它拥有的巨大潜力，我相信这些困难都会很快被克服。希望有更多的开发者加入增强现实的世界，让增强现实更快进入现实。

张黎明
Unity 大中华区技术总监
2018 年 3 月 5 日

译者序

作为一名程序员，在游戏圈工作了十几年，这是第一次参与翻译工作，因为这本书的书名引起了我的兴趣：*Augmented Reality Game Development*，"Augmented Reality（AR）"这个词一下子就映入眼帘。最早认识这个词应该是在2011年任天堂公司的3DS上。这台掌机自带了一款AR游戏，通过3D液晶屏可以看到各种动画形象跃然于桌子或者地面上，效果非常震撼。但是从那以后，AR从我的视野中淡出了，直到去年Pokemon GO的突然走红。在这之后，国内也涌现出许多手机端的AR游戏和应用，甚至过年时都流行起了AR"抢红包"。而随着谷歌Tango手机和微软HoloLens眼镜等设备的推出，AR的应用必然会更加广泛。当然，我最关心的还是能否有更好的AR游戏出现。

本书详细介绍了一个简单的AR游戏的开发过程，非常适合想要一窥AR开发之究竟的读者。本人也是带着这样的心态来翻译的，在翻译的过程中学习和验证，获益匪浅。希望读者也能从中找到乐趣，对于翻译中的一些瑕疵请多多包涵。

感谢翻译合作者Kai，感谢编辑的辛勤校对。另外，感谢我的宝贝女儿和在我翻译期间辅导女儿学习的妻子，你们给了我莫大的帮助和动力。

龚震宇

译者序

因为一个很偶然的机会，本来已经离开游戏圈，走向万恶金融界的我，又回到了游戏相关的行业，从事 Google AR 和 VR 技术在亚太国家的推广。恰好以前在 EA 的同事沙鹰在朋友圈牵线，就决定参与翻译这本书。公司有规定，不论在哪里发表观点，都必须表明我与 Google 的雇佣关系，这样读者可以假设我的观点带有偏见，请酌情考虑。

作为一个游戏人和铁杆玩家，我觉得，一个游戏最重要的还是得好玩。其次才是赚不赚钱，有没有独特的美术风格，复杂的画面渲染什么的。最典型的例子就是任天堂的游戏，过去十几年分辨率都是主机里面最低的，可它的游戏就是那么好玩。我一直以来都对任天堂致以最高的敬意，所以能够和震宇一起翻译这本书，我很欢乐。

游戏开发者一直都在探索新的人机交互，任天堂在这方面做出过很多尝试，比如很早就制作过 VR 头盔。这在 AR 领域，精灵宝可梦 GO 也实现了前所未有的成功。这本书从精灵宝可梦 GO 的功能出发，讲解怎么使用 Unity，制作基于位置并利用地图、街景以及地点网络服务的 AR 游戏，对开发者来说是一个很好的 AR 游戏入门教材。

那么究竟什么才是 AR。这个问题还没有确定的答案，世界上的开发者都在探索 AR 是什么，可以做什么。维基百科上有一个观点，你想象一个一维的坐标轴，左边无穷远代表完全真实，右边无穷远代表完全虚拟。那么 AR 就在坐标轴的左半边，代表负数的那部分；相对地，VR 就在坐标轴右边，代表正数的部分。可见 AR 的定义不是绝对的，有很大的一段区域都可以叫作 AR。中间一段区间也叫作 XR 混合现实，然而这些定义有着非常模糊的边界。

实现 AR 有很多种核心技术，GPS、StreetView、SLAM、计算机图形、计算机视觉、图像处理、基于大数据的机器学习等，都有切实的应用例子。本书讲解的基于位置的应用、微软的 HoloLens、Google 的 Tango，它们都属于 AR 的应用。任天堂的 3DS 里面就有基于卡片的 AR 玩法，那也是一种早期 AR；类似地，目前的技术已经可以做到基于卡片的 AR 不需要一直盯着卡片也能实现设备定位。

从今年的行业动态来看，接下来基于计算机视觉的 AR 将会慢慢走出实验室进入消费者领域，美国四大科技雇主公司 F.L.A.G. 里面有三个都在做：4 月份的时候 Facebook 推出了 AR Studio，5 月份 Google 在 I/O 宣布基于 Tango 的 WorldSense 和 VPS（视觉定位服务），6 月份苹果宣布了 iOS 11 里面的 ARKit。根据目前的信息来看，Google 的 Tango 能获得的对现实世界的描述信息最多，因为它硬件上使用了专门的深度传感器和鱼眼镜头。相比之下苹果的 ARKit 和 Facebook 的 AR Studio 只使用了一个或两个 RGB 摄像头。当然，这只是我的推测，毕竟 ARKit 和 AR Studio 都还没有正式对外公开，我还没有看过它们的文档。说不定苹果和 Facebook 会拥有怎么样的黑科技呢！科技的发展早已不是线性的；十几年前在我上大学那会儿，人工智能教科书都说超级计算机也绝对没办法下围棋战胜人类；这不，5 月份 Alpha Go 单机 4 TPU 就挑战了人类冠军柯杰。

最近几年国内创业气息浓重，投资氛围也活跃，连习大大都鼓励大家创业。希望大家紧跟时代，在 AR 这股风刚刚开始刮的时候就让自己站在风口，迎接被风吹起的感觉。

最后感谢翻译同伴震宇，感谢沙鹰牵线带来这本书，感谢编辑的提示和帮助。书中有一些句子为了通顺，采取了意译而不是直译，实属中英文的用词习惯差别太大。希望大家不要介意。

周克忠 Kai
Google AR/VR 技术推广工程师
2017 年 6 月 26 日　新加坡

前言

在 2016 年初,世界上大多数人对增强现实和基于位置的游戏知之甚少。当然,这一切都随着那一年 Pokemon Go 的发布而改变了。一夜之间,这种游戏类型就不容置疑地成为了游戏开发的发展趋势。可能你已经玩过 Pokemon Go,而且你阅读这本书正因为你对 AR 和基于位置的游戏类型产生了兴趣。

在本书中,我们将详细探讨创建像 Pokemon Go 这样的基于位置的 AR 游戏的各个方面。基于位置的 AR 游戏是代价昂贵的,需要为游戏中的一切建立很多服务,从地图映射到生成怪物。然而,我们开发的游戏将是零成本的,使用的都是可以免费获得的服务。虽然由于一些许可限制,这可能不是你可以用于商业发布的东西,但是一定能介绍给你大部分概念。而且在整个过程中,你还将学习如何使用一个伟大的工具 Unity。另外,还会向你介绍游戏开发的许多其他概念。

本书涵盖内容

第 1 章,准备开始,介绍了构成基于位置的 AR 游戏类型和我们的虚构游戏 Foody Go 的概念。随后是下载所有必需软件,并使用 Unity 设置移动开发环境的所有步骤。

第 2 章,映射玩家位置,首先介绍 GIS、GPS 和地图映射的基本概念。然后说明如何应用这些概念,来生成实时地图并绘制玩家在游戏中的位置。

第 3 章,制作游戏角色,在前一章的基础上构建,把我们简单的位置标识转换成一个移动的动画角色。这样,玩家在携带着移动设备走动时,可以看到他们的游戏角色在地图上四处走动。

第 4 章,生成猎物,解释了 Foody Go 的假设背景是关于捕捉实验怪物的。在本章中,我们学习了如何在玩家的周围生成怪物到地图上。

第 5 章,在 AR 中捕捉猎物,内容更加密集:通过访问设备相机引入游戏的集成 AR 部分;引入用于投掷球的物理;追踪玩家的滑动输入;使用了生物的反应;并且使用新的游戏场景。

第 6 章，保存猎物，致力于开发玩家的装备包，用于保存抓获的所有 Foody 生物，以及其他有用的道具。在这里，我们让读者对于添加永久的存储和添加一个简单的库存场景有大致的了解。

第 7 章，创建 AR 世界，基于一个实时的数据服务，在玩家周围添加兴趣点。

第 8 章，与 AR 世界交互，让玩家与兴趣点进行互动。在我们这个简单的游戏中，玩家将能够出售他们捕获的怪物。

第 9 章，完成游戏，告诉读者如何完成游戏，或者更好地编写自己的基于位置的 AR 游戏。为了本书，我们将只开发 Foody Go 这个示例游戏。

第 10 章，疑难解答，涵盖了一些故障排除建议和技巧，以克服这些开发障碍。与所有的软件开发练习一样，都可能会遇到问题。

阅读前的准备

为了跟着本书的内容练习，你至少需要一台能够运行 Unity 5.4+ 的计算机，以及一部可以运行 Unity 游戏并配备 GPS 的 iOS 或 Android 设备。

更多关于 Unity 的系统需求请参考：https://unity3d.com/unity/system-requirements。

本书的目标读者

本书适用于任何有兴趣开发自己的 Pokemon Go，基于位置的 AR 游戏的读者。虽然本书假定你以前没有游戏开发技巧或 Unity 开发经验，但需要你对 C# 或类似的（C、C++、Java 或 JavaScript）语言有基本的了解。

读者服务

轻松注册成为博文视点社区用户（www.broadview.com.cn），扫码直达本书页面。

- **提交勘误**：您对书中内容的修改意见可在 提交勘误 处提交，若被采纳，将获赠博文视点社区积分（在您购买电子书时，积分可用来抵扣相应金额）。
- **交流互动**：在页面下方 读者评论 处留下您的疑问或观点，与我们和其他读者一同学习交流。

页面入口：http://www.broadview.com.cn/33752

目录

第 1 章 准备开始 1
现实世界冒险游戏 1
基于位置 2
增强现实 3
冒险游戏 4
使用 Unity 进行移动开发 5
下载和安装 Unity 5
设置 Android 开发环境 7
设置 iOS 开发环境 10
Unity 入门 10
创建游戏项目 11
生成和部署游戏 14
总结 16

第 2 章 映射玩家位置 17
GIS 基础知识 18
映射 18
GPS 基础知识 20
Google 地图 21
添加地图 24
设置服务 36
总结 40

第 3 章　制作游戏角色 43

 导入标准 Unity 资源　44
  添加一个角色　45
  替换摄像机　46
  跨平台输入　48
  修正输入　49
  替换角色　64
 总结　67

第 4 章　生成猎物 69

 创建一个新的"怪物服务"　70
  理解地图映射的距离　72
  GPS 精度　78
 检查怪物　81
  投影坐标到 3D 空间　84
  在地图上添加怪物　85
  在 UI 中追踪怪物　93
 总结　96

第 5 章　在 AR 中捕捉猎物 97

 场景管理　98
 引入游戏管理器　100
 加载场景　102
 更新触控输入　103
 碰撞体和刚体物理　106
 构建 AR 捕捉场景　110
 使用相机作为场景背景　112
 添加捕捉球　116
 投掷球　117
 检查碰撞　122
 粒子效果反馈　127
 捕获怪物　128
 总结　131

第 6 章　保存猎物 133

 库存（Inventory）系统　134

保存游戏状态	136
搭建服务	138
代码审查	140
怪物的 CRUD（创建，读取，更新，删除）操作	145
更新 Catch 场景	147
制作 Inventory（库存）场景	154
添加菜单按钮	159
合成游戏	162
移动开发中的痛	163
总结	164

第 7 章 创建 AR 世界 165

回到地图	166
单件模式	167
Google Place API 入门	169
使用 JSON	171
配置 Google Place API 服务	174
产生标记	175
优化搜索	178
总结	182

第 8 章 与 AR 世界交互 183

Places 场景	184
用谷歌街景作为背景	185
Google Place API 照片幻灯片	188
增加卖出的 UI 交互	194
卖出的游戏机制	200
更新数据库	202
把片段拼接起来	206
总结	210

第 9 章 完成游戏 213

未完成的开发任务	214
缺少的开发技能	218
清理资源	220
发行游戏	224

开发基于位置游戏的一些问题	225
基于位置的多人游戏	226
使用 Firebase 作为多人开发平台	229
其他一些基于位置的点子	234
这个种类的未来	235
总结	235

第 10 章　疑难解答 237

Console 窗口	238
编译错误和警告	239
调试	240
远程调试	242
高级调试	245
记录日志	246
CUDLR	249
Unity Analytics	251
每章的问题和解决方案	255
总结	257

第 1 章

准备开始

本章将向你介绍现实世界冒险游戏——它们是什么，它们如何工作，以及什么使它们如此特别。接着，介绍制作一个现实世界游戏示例的过程。最后，在阐述完理论之后，简单说明怎样用 Unity 构建一个移动开发环境。

对于有些读者，他们已经理解现实世界冒险游戏或增强现实游戏术语，请随时前往本章介绍 Foody GO 的部分，那部分将介绍这个贯穿整本书的示例游戏的构思和设计。

在本章内，我们将涵盖以下主题：

- 定义什么是现实世界冒险游戏
- 理解构成现实世界冒险游戏的核心要素
- 介绍示例游戏 Foody GO 的设计
- 安装 Unity
- 建立 Unity 移动开发环境
- 创建游戏项目

现实世界冒险游戏

现实世界冒险游戏是最近随着 Pokemon GO 的推出而变得非常流行的一个游戏种类。在阅读这本书的时候，你可能已经听说过，并且可能已经玩过这个流行的游戏了。虽然很多人感觉这类游戏是一夜成名的，但是它实际上已经存在有几年了。Pokemon GO 的开发商 Niantic，在 2012 年 11 月就发布了他们第一个现实世界游戏 Ingress。这个游戏也曾经流行过，甚至现在也还很流行，但是只吸引了小部分坚定追随的玩家。这可能是游戏主题太过复杂导致的结果，而不是这个游戏类型不受欢迎。

Pokemon 题材与全新增强现实游戏平台的结合，现在大家都认可这就是吸引玩家打开 Pokemon GO 开始游戏的主要因素。显然，如果没有完整的现实世界交互，Pokemon GO 将只是另一个流行的普通手机游戏而已。

那么，使现实世界冒险或基于位置的增强现实游戏如此独特的要素有哪些呢？

- **基于位置**：玩家可以使用地图与虚拟对象或自己的周围环境进行交互。当玩家在现实世界中物理移动时，他们所持设备的 GPS 将更新玩家在游戏中的位置，从而允许玩家移动到虚拟位置并搜索虚拟对象或物体并与它们交互。我们将在 第 2 章 "映射玩家位置" 中了解如何把设备 GPS 与地图显示整合在一起。

- **增强现实 (AR)**：玩家通过设备相机的画面与现实世界交互。这使得他们可以在现实世界的背景之上与虚拟的地方或事物进行交互。在 第 5 章 "在 AR 中捕捉猎物" 中将介绍如何使用设备相机的画面当作游戏背景来增强用户体验。

- **冒险游戏**：玩家通常在游戏中扮演一个角色，被探索和解谜的任务驱动，最终达成某个故事指定的目标。当然，笼统地讲，现实世界中有些著名的游戏可能也适用这个定义。在本章的 "介绍 *Foody GO*" 一节中将介绍这个贯穿整本书的示例游戏的构思和设计。

当然，创造一个成功的游戏还需要许多其他元素。但本质上，基于位置和增强现实是现实世界冒险游戏这个类型的标志性元素。另外，精明的读者可能会注意到，大型多人网络游戏或者称为 MMO 被我们忽略了。虽然 MMO 可能对某些游戏设计是必要的，但它不是这种游戏类型所必需的。

基于位置

追踪玩家在现实世界中的位置，然后将其叠加到游戏的虚拟世界中，为玩家创造独特的沉浸感。事实上，许多现实世界的冒险游戏中，在玩家开始玩游戏之前会接受到警告信息。那是因为许多真实案例表明，如果过于沉浸于现实世界冒险游戏，玩家可能遭受到本来可以避免的伤害。

将现实世界映射到游戏的虚拟世界之上，为传统移动游戏带来了新的挑战。开发地图界面并使用虚拟元素填充它，需要一些高级的 GIS 技能。对于 GPS 和 GIS 的概念或者如何在 Unity 中绘制地图，许多开发者都是陌生的或者相对缺乏经验的。地图映射是这类现实游戏的核心概念，这成为我们将要制作的示例游戏的基础部分。为此，我们将用几个章节介绍地图相关的内容。

以下是涉及地图映射和位置的章节列表：

- 第 2 章，映射玩家位置，从 GPS 和 GIS 的基本知识开始，然后向你展示如何在一个 3D 的 Unity 场景中加载一个地图贴图。
- 第 3 章，制作游戏角色，介绍玩家在游戏中扮演的角色，演示如何通过移动设备和玩家移动来控制游戏角色。
- 第 4 章，生成猎物，开始介绍在地图上放置虚拟物品，并且使玩家能找到这些物品。
- 第 7 章，创建 AR 世界，着重讨论基于现实世界的位置在玩家周围填充虚拟世界。
- 第 8 章，与 AR 世界交互，使玩家可以与那些虚拟位置交互。

增强现实

AR 自 1990 年以来就一直存在了。通常该术语涵盖范围很广，比如虚拟手术设备、Microsoft HoloLens 和移动应用程序（诸如 Snapchat）。直到最近，AR 技术已经慢慢成为游戏中的主流。随着新技术的进步，现实世界冒险游戏的流行，成为 AR 普及的主要贡献者。

如上所述，AR 覆盖了向用户提供叠加虚拟环境的广泛的技术和设备。然而，在移动设备上，AR 体验通常是在设备相机获得的背景上渲染虚拟环境的结果。在某些情况下，AR 游戏或应用程序将用复杂的图像处理算法用于识别特征，然后用其他图形或游戏选项虚拟地标注那些被识别的特征。Pokemon GO 对 AR 的使用只是相机背景，而 Snapchat 通过使用图像处理向用户提供动态的 AR 体验。然而，游戏和应用都能通过向用户提供 AR 的更愉快的体验而受益。

为了符合现实世界冒险游戏类型的特点和本书的主题，我们将用基本的方法来为用户提供基本的 AR 体验。这意味着，我们将着眼于使用移动设备的相机画面作为游戏的背景。游戏体验将与其他流行的游戏类型类似。即使只使用这种基本的 AR 方法，我们仍将在某些章节中介绍许多其他细节和技巧。我们将在后面以下章节中讨论 AR 元素：

- 第 5 章，在 AR 中捕捉猎物，将介绍使用移动设备相机的画面作为游戏的背景。
- 第 9 章，完成游戏，将讨论一些可以提高 AR 游戏的游戏性的想法。
- 第 10 章，疑难解答，万一事情不能按预期工作时将帮助到你；本章将识别潜在的问题并提供解决方法。

冒险游戏

冒险游戏的特点通常是一个任务驱动的故事，玩家必须探索和解决谜题才能完成游戏，而目前的现实世界冒险游戏更多的是探索而不是解决问题和完成任务。甚至，当前这批现实世界游戏更像是**角色扮演游戏（RPG）**，而不是经典的冒险游戏。在未来，我们可能会看到更多真正的经典冒险游戏或者其他游戏类型与现实世界的混合，如实时战略、射击、模拟、教育、运动和解谜。

为了演示所有这些新概念如何融合在一起，我们将在整本书中制作一个示例游戏。这个游戏将宽松地遵循冒险风格，不像其他流行的现实世界游戏。我们将在几个章节中给这个游戏添加许多常见的游戏元素，如游戏角色、角色物品栏、粒子效果等；以下这些章节中有简短介绍：

- 第 3 章，制作游戏角色，帮助你在地图上添加一个可操控的三维角色。
- 第 4 章，生成猎物，涵盖了 GIS 和地图映射的许多概念，以及对象动画的一小部分知识。
- 第 5 章，在 AR 中捕捉猎物，介绍 AR 和许多其他游戏的概念，如纹理、刚体物理、玩家输入、AI、GUI 菜单和粒子特效。
- 第 6 章，保存猎物，向你介绍如何在移动设备上开发一个角色物品栏以及更多的 GUI 开发内容。
- 第 8 章，与 AR 世界交互，帮助你添加其他 GUI 元素和更多粒子效果，并介绍视觉效果着色器。
- 第 9 章，完成游戏，讨论了能让示例游戏更好玩的可能性，以及现实世界游戏的其他想法。

介绍 Foody GO

学习任何新鲜或高级概念的最好方法当然就是通过示例了。**Foody GO** 是本书将要构造的现实世界冒险游戏示例。游戏以食物为主题，玩家将搜索和捕捉实验烹饪的怪物。一旦捕获怪物，玩家将把它们带到本地餐厅出售，以换取道具、能量和声望等。

当然，我们的示例游戏将着重关注基于位置的增强现实要素，但我们也将介绍几个其他的相关技术，如下所示：

- 玩家映射
- 使用摄像头实现增强现实

- 可操纵 3D 动画角色
- 动画对象
- 简单的 AI
- 粒子效果
- GUI 菜单和操作
- 持久性数据库存储
- 视觉着色器（shader）效果

对这些技术我们不会深入了解，因为它们本身基本都可以覆盖一本书。然而，了解这些将有助于理解这些元素如何组合在一起，构成一个现实世界冒险游戏。

源代码

本书所有的源代码都可以从网站下载。源代码会逐章细分，并作为渐进项目提供。对于每个章节，将提供开始和结束时的项目状态。这将方便某些水平较高的读者跳过某些章节更快前进。建议新手读者遵循本书中的所有示例顺序，因为越后面的章节内容越复杂。

使用 Unity 进行移动开发

现在，已经介绍了所有的背景并为大家展示了我们的课程，下面开始介绍使用 Unity 进行移动开发。曾在 Android 或 iOS 上开发 Unity 游戏的高段位读者可能想直接跳到第 2 章 "映射玩家位置"。

此安装指导期望能跨平台适用，应该可以在 Windows、Linux 或 Mac 上工作。为了简洁起见，本书将只展示 Windows 平台的屏幕截图。

下载和安装 Unity

即使你以前安装过 Unity，但是也许还没有做过移动开发，请确保你关注以下的每个细节。因为有几个重要的步骤，不容错过。

执行以下步骤安装 Unity：

1. 打开任意浏览器并前往 `https://unity3d.com/`。
2. 浏览网站并下载最新稳定版本的 Unity 安装程序。如果你从未下载过 Unity，则需要创建一个新账户。

3. 运行 Unity 安装程序，单击 **Next** 按钮接受许可协议，然后再次单击 **Next** 按钮。
4. 在如下截屏所示的体系结构对话框中，确保选择 **64 bit**。

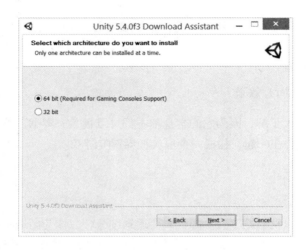

5. 在选择组件对话框上，确保你选择首选的移动平台 Android 或 iOS。许多用户只需选择所有功能并安装。但是，最好是有选择性地安装你需要的。安装所有 Unity 功能将需要大约 14 GB 的空间。如果你安装了多个版本，安装容量会迅速增加。

在下面的示例截图中，我们选择了 Android 和 iOS。确请保只选择所需的平台：

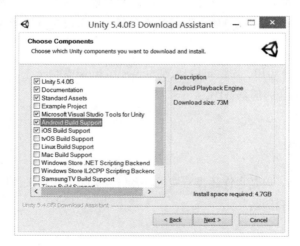

仅选择你所需要的组件

6. 选择 Unity 的默认安装路径，然后单击 **Next** 按钮安装。

即使只选择了有限的组件，安装仍需要几分钟时间，因此端起你的咖啡，等待完成。

设置 Android 开发环境

如果需要使用 Android 设备测试游戏，请阅读这部分来做好准备。已经具有 Android 经验的开发人员可以简要地查看本节，或跳到本章的"*Unity 入门*"一节。

 始终安装相同的架构版本，64 位或 32 位。

安装 Android SDK

按照后续步骤在开发计算机上安装 Android SDK。即使你已安装 SDK，请查看这些步骤，以确保你设置了正确的路径和组件：

1. 如果你还没有这样做，请从以下地址下载并安装 **Java Development Kit (JDK)**：`http://www.oracle.com/technetwork/java/javase/downloads/index.html`。

    请记住安装开发工具包（如 JDK 或 SDK）的位置。

2. 从以下地址下载最新版本的 Android Studio：`https://developer.android.com/studio/index.html`。

3. 下载 Android Studio 完成后，遵照下面网页的指示开始安装：`https://developer.android.com/studio/index.html`。

4. 安装 Android Studio 时，请确保还安装了 Android SDK，如下图所示：

安装 Android SDK 组件

5. 关于安装位置，建议设置为容易记住和找到的路径。在示例截图里，使用的路径是Android/AndroidStudio和Android/AndroidSDK：

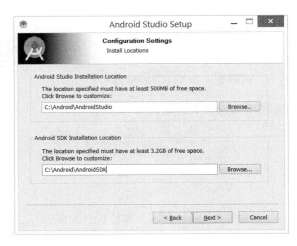

选择以后容易找到的安装位置

6. 安装完成后，打开 Android Studio。选择菜单命令 **Tools | Android | AndroidSDK**，打开 **Android SDK Manager**。在以下示例截图中，仅选择 Android 5.0，API Level 21，因为它与设备匹配：

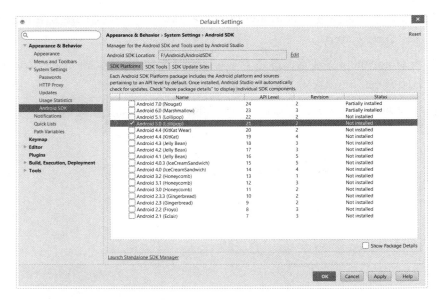

设置 Android SDK 位置并选择适合你设备的 API 版本（API level）

7. 在 **Android SDK** 面板上，将位置路径设置为与步骤 5 中使用的相同位置路径。然后，选择安装与你的 Android 设备匹配的 Android API 版本，然后单击 **Apply** 按钮。从手机的 **Settings | About phone | Android version** 查看 Android 版本。此 API 安装可能需要几分钟，因此这时最适合再来一杯咖啡或其他饮品。

8. API 安装完成后，请关闭 Android Studio。

连接你的 Android 设备

为了在本书中的示例中获得最佳结果，你需要将一个物理设备连接到计算机进行测试。在 Android 模拟器中也可以模拟 GPS 和相机，但这超出了本书的范围。要使设备连接，请按以下步骤操作：

1. 按照以下指南为 Android 设备安装驱动程序：https://developer.android.com/studio/run/oem-usb.html#InstallingDriver

2. 在 Android 设备上启用 **USB debugging**：

    - 在 Android 4.2 及更高版本中：开发者选项画面默认是不显示的。要使其可见，请到菜单项 **Settings | About phone**，单击 **Build number** 七次。第七次单击后，你会看到一个消息通知你已启用开发人员选项。返回到上一个屏幕，然后选择底部的 **Developer** 选项，打开 **USB debugging**。

    - 在比较旧的 Android 版本中，进入菜单项 **Settings | Applications | Development**，打开 **USB debugging**。

3. 将设备连接到计算机。在设备上，将提示你允许 **USB debugging**。选择 **Ok** 并等待几秒钟，以确保驱动程序连接。

4. 在计算机上打开命令或控制台窗口，然后进入到安装了 **Android SDK** 的文件夹 `Android / AndroidSDK`。

5. 运行以下命令行命令：

    ```
    cd platform-tools
    adb devices
    ```

6. 你的设备应该显示在列表中。如果由于某种原因在列表中看不到你的设备，请参阅第 10 章 "疑难解答"。以下控制台窗口显示命令运行和输出示例：

这时已经完成了设置 Android 设备的大部分工作。在 Unity 中还有一些设置需要完成，但我们将在下一节的项目设置中介绍。

设置 iOS 开发环境

为了保持本书内容和开发平台的独立性，对于 iOS 开发设置，我们不会提供一步一步的指导。Unity 网站上提供了一个优秀的指导 iOS 设置的指南：

https://unity3d.com/learn/tutorials/topics/mobile-touch/building-your-unity-game-ios-device-testing。

完成 iOS 设置后，返回到本书，我们将开始构建示例游戏项目。

Unity 入门

Unity 是一个非常好的平台，可以用来学习游戏开发，甚至用于制作商业级游戏。它是 Android 和 iOS 应用商店中许多热门游戏的游戏引擎的选择。那么，是什么使 Unity 成为一个这么好的游戏开发平台的？下面一个简短的列表，就是 Unity 能成为一个令人信服的游戏开发平台的原因。

- **它可以免费使用**：有大量的免费资源（assets）和代码，你可以用它们来构建游戏。我们将在本书中讨论一些免费资源。
- **令人难以置信的易用**：你可以在 Unity 中构建一个完整的游戏，甚至一行代码都不需要编写。幸运的是，在本书中你将学习到如何编写一些脚本和代码。
- **完全跨平台**：使用 Unity，你可以在任何适合你的环境上开发。当然，在某些平台，比如移动平台，仍然有局限性，我们之后将会说到。
- **杰出的社区（community）**：Unity 拥有一些核心开发人员的基础，他们渴望分享经验和帮助他人。我们一定会展示许多很棒的社区资源。
- **资源（Asset）商店**：Unity 资源商店在构建第一个游戏，甚至是你第七个商业项目时，都能成为非常有价值的工具。我们会告诉你如何交易和需要避免什么。

创建游戏项目

开始创建示例游戏项目 Foody GO；我们还将借此机会生成和部署这个新的项目到你的移动设备：

1. 启动 Unity 并创建一个名为FoodyGO的新项目。请确保已启用 3D 并禁用 Unity 分析。当然，保存你的项目在一个容易找到的文件夹，如下面的示例截图所示的 Games 文件夹：

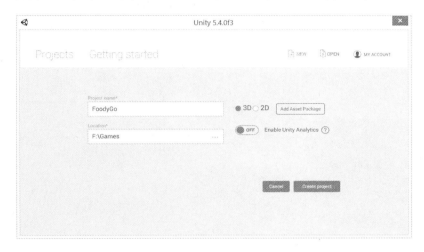

2. 单击 **Create project** 按钮后等待 Unity 打开项目。
3. 在 **Hierarchy** 窗口（左上角），你将看到一个名为 **Untitled** 的场景。在这下面，还有 **Main Camera** 和 **Directional Light** 如下截图所示：

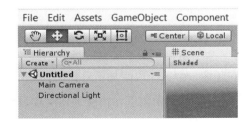

4. 你可能想做的第一件事就是重命名场景名并保存，请选择菜单 **File | Save Scene As…**。
5. 一个"保存"对话框会被打开，你可以选择保存场景的位置。只需选择默认的Assets文件夹，并命名你的场景为Splash。然后，单击 **Save** 按钮。
6. 现在，场景的标题应该变成了 **Splash**。还注意到在项目的Assets文件夹中新增加了一个 **Splash** 场景对象。

7. 现在让我们调整 Unity 编辑器布局，以匹配游戏在手机运行的方式。在菜单中，选择 **Window | Layouts | Tall**。然后，通过单击鼠标并拖动，从主窗口中取消 **Game** 标签页的停靠。接下来，调整窗口大小，使场景和游戏窗口大致具有相同的宽度。

8. 打开菜单 **Window | Layouts | Save Layout**，保存当前布局。把你的布局命名为 `Tall_SidebySide`，然后单击 **Save** 按钮。这样以后能非常方便地切换回这个布局。

9. 在 **Hierarchy** 窗口或者 **Scene** 窗口双击选中 **Main Camera**。看 **Scene** 窗口如何聚焦在 **Main Camera** 对象上，并且 **Inspector** 窗口会显示所有的属性。Unity 编辑器窗口现在应该是这样的：

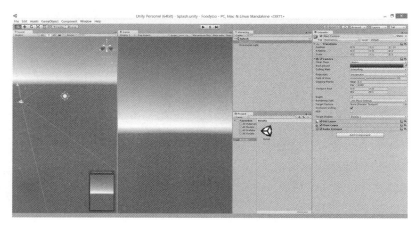

移动开发的编辑器布局

10. 在我们进一步之前，先看看 Unity 中要使用到的每个主窗口：

    - **Scene 窗口**：你可以在此窗口中查看场景中的游戏对象并与之进行交互。
    - **Game 窗口**：这是用主摄像机渲染展现给玩家的画面。
    - **Hierarchy 窗口**：这个窗口显示了场景或场景中游戏对象的树状结构。在大多数情况下，你将在此窗口中选择或添加项目到场景。
    - **Project 窗口**：这个窗口用于浏览和快速地访问项目中的资源。现在我们的项目中使用不多，但我们将在以后的章节中快速地添加一些新的资源。
    - **Inspector 窗口**：这个视图中可以检查和改变游戏对象的设置。

11. 单击位于 Unity 编辑器顶部中间的 **Play** 按钮。游戏会开始运行，但是不会发生任何事，因为现在我们只有一个摄像机和一个灯光。所以，让我们添加一个简单的 **Splash** 画面。

12. 在 **Hierarchy** 窗口选择场景，菜单中选择 **Game Object | UI | Panel**，添加一个 **Canvas** 和 **Panel** 到场景里。

13. 在 **Hierarchy** 窗口中双击 **Panel** 对象，这将使 **Scene** 窗口聚焦在面板（panel）上。在 **Scene** 窗口中，单击窗口顶部的按钮将视图切换到 **2D**。你现在应该看到这样的截图画面：

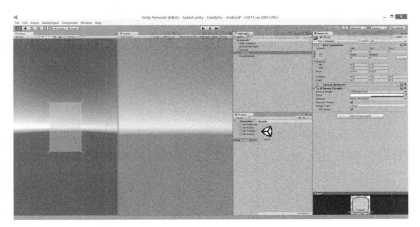

UI 聚焦在 Scene 窗口时的编辑器

14. 场景窗口中的面板（panel）是一个 2D UI 元素，用于向玩家呈现文本或其他内容。默认情况下，当把摄像机添加到场景时，面板会置于摄像机主视图的中间位置。这就是为什么我们看到半透明面板覆盖在整个 **Game** 窗口。由于我们不希望有一个透明背景的启动画面，那么来改变它的颜色。

15. 在 **Hierarchy** 窗口选择 **Panel**。然后，在 **Inspector** 窗口中单击 **Color** 属性旁边的白色方块，打开 **Color** 设定。将会看到下面的对话框：

Unity 入门

16. 在 **Hex Color** 输入框中输入 FFFFFFFF，然后关闭对话框。注意到 **Game** 窗口的背景变成了不透明的白色。

17. 在菜单中选择 **Game Object | UI | Text**，然后在 **Inspector** 窗口，设置 **Text** 属性以适合屏幕使用，如下图所示：

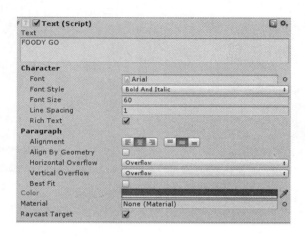

18. 单击 **Play** 按钮运行游戏。没有发生多少变化，但我们的游戏现在有了一个启动画面。不要担心，在本书的后面，我们将添加一些亮彩到这个屏幕。现在，先把这个游戏部署到设备吧。

生成和部署游戏

现在游戏有了一点基础和一个简单的启动画面，让我们将其部署到你的设备。因为除了看到游戏在 Unity 编辑器之外运行，没有什么更能证明你作为游戏开发者的进步。请根据你的设备，按照相关的内容来完成生成和部署。

生成和部署到 Android

只要你遵循了在本章前面的步骤，部署你的游戏到 Android 应该是简单的。如果在部署中遇到任何问题，请参阅 第 10 章，"疑难解答"。按照下面的步骤来生成和部署到你的 Android 设备：

1. 在菜单中，选择 **Edit | Preferences**，这将打开"首选项"对话框。
2. 选择 **External Tools** 标签页，更改或设置Android SDK路径和Java JDK路径的位置，设置为在安装时记下的安装路径。完成后关闭对话框。后续示例截屏显示了需要输入这些路径的位置：

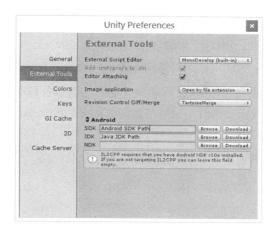

3. 在菜单中选择 Edit | Project Settings | Player。选择 Android Settings 标签页，然后单击面板底部的 Other Settings，像下面的屏幕截图一样设置 Bundle Identifier（应用标识符）为com.packt.FoodyGO：

4. 确保你的 Android 设备已通过 USB 连接。如果不确定，请参阅本章前面的"连接到你的 Android 设备"一节。

5. 从菜单中选择 File | Build Settings，打开 Build Settings。在 Build Settings 对话框中，单击 Add Open Scenes 按钮添加 Splash 场景。请确保你在生成类型列表中选择了 Android。当你都选择完成准备就绪时，单击 Build and Run 按钮。下面是 Build Settings 对话框的样子：

6. 一个文件保存对话框会打开项目的根目录。在对话框打开时创建一个名字为 Build 的文件夹。打开新的 **Build** 文件夹，把生成目标保存为 com.packt.FoodyGO。这里的名字应该与我们之前设定的应用标识符保持一致。然后单击 **Save** 按钮开始生成。

7. 因为是第一次生成项目，Unity 会重新导入所有的项目资源和其他模块，这需要几分钟的时间。之后的生成需要的时间会短些，但是如果你改变输出平台，所有这些都需要重新导入。

8. 生成完成后，请打开设备。你应该会看到 Unity 加载画面，然后是启动画面。恭喜你已将游戏部署到你的设备。

生成和部署到 iOS

假设你学习前面的"设置 iOS 开发环境"这一节，你应该已经能够生成和部署游戏到你的设备。只需在同样的页面遵照生成和部署的步骤，即可将游戏部署到你的设备。请下载该章节的示例项目并将其部署到你的 iOS 设备。

总结

在这一章中，我们开始介绍什么是现实世界冒险游戏，为什么它变得如此受欢迎。然后更详细地介绍了构成这类游戏的主要元素，以及将如何在本书中介绍这些元素。在此之后，介绍了将要构建的一个现实世界冒险游戏的示例 Foody GO。随后，迅速安装了 Unity 以及在移动设备上生成、部署和测试的基本所需。最后，创建了 Foody GO 游戏项目，并添加了一个简单的启动画面。

在下一章中，我们将继续构建 Foody GO 游戏项目并且开始加入地图映射。但是，在添加地图到我们的游戏之前，先介绍一些关于 GPS 和 GIS 的基本知识。

第 2 章
映射玩家位置

大多数真实世界游戏的核心是基于位置的地图。将玩家的现实世界位置映射到虚拟世界，这样的结合使游戏的虚拟元素扩展到现实世界中，玩家因此有了新的视角和感官去探索他们周围的世界。

在本章中，我们将初步了解如何将地图集成到 Unity 游戏。但是，在使用 Unity 之前，将介绍 GIS 和 GPS 的基础知识。这能使我们对于复杂的主题建立一些简单的定义和背景。之后，将回到 Unity，并添加一个基于位置的地图、一个简单的角色和一个可自由观察的摄像机到 Foody GO 项目。虽然我们面对的是比较高级的概念，但暂时还不会感觉复杂，因为还不需要涉及任何代码。当然，具有 GIS 背景的水平更高的读者可以选择在闲暇时间研究代码。

本章涵盖的内容快速细分如下：

- GIS 术语和基础知识
- GPS 术语和基础知识
- Google 地图
- 导入资源（assets）
- 设置服务
- 使用 CUDLR 调试

GIS 基础知识

GIS 代表了地理信息系统，这个系统中，地理数据被收集、存储、分析和处理，然后作为地图服务提供给用户。虽然该定义简明扼要，实际上 GIS 已经包含了从软件应用、硬件、工具、科学到服务的方方面面。举个例子，当今被广泛使用的 GIS 典型就是 Google 地图。然而在这本书中，我们还将 GIS 看作转换地理数据和地图映射的原理以及过程。

映射

地图学家几千年来都在把他们周围的世界映射到地图上。只是最近随着计算机的发展，使用计算机和 GIS 技术来创建动态地图变得更高效了。与传统的手绘纸地图不同，动态绘制的地图由多层空间数据组成，可以描述道路、地标、公园、边界、景观、地表水等。普通的 Google 地图用户无法控制显示哪些层级的数据，但是这些数据确实存在。下图显示了一张道路图可能包含的图层：

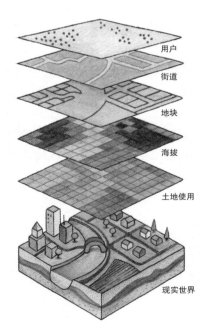

来源于：http://bit.ly/2iri2vr

Google 地图、Bing 和其他 GIS 提供商通常以各种缩放尺寸绘制地图，然后将这些地图切割为静态瓦片（tile）图像。然后，GIS 服务器向用户提供这些瓦片。这种做法的性能很好，但是提供给用户定制和个性化的选择比较少，只能用一些形状、线条或点标注兴趣点。这种形式的瓦片地图映射通常被称为静态映射。在本书中，我们将使用 Google Maps API，它能为我们提供动态地图。

动态地图为演示者或开发人员提供了根据需要设置数据风格和（或）符号的选择。例如，在某些地图上，你可能想要将公园更改为蓝色而不是绿色。这是动态地图提供的一种灵活性。在本章后面的部分中将 Google Maps API 添加到项目中时，将探讨自定义样式和符号化选项。

现在了解了 GIS 地图的基本知识，再来了解一些术语和概念。以下是我们在描述或制作地图时使用的术语列表：

- **地图比例**（Map scale）：地理地图可以表示从你附近的街区到整个世界的范围。地图比例通常会表示为文本或图形，向用户提供地图涵盖范围的信息。
- **缩放等级**（Zoom level）：这与地图比例具有反比关系。缩放等级 1 表示世界的全局视图，而缩放等级 17 表示显示你周边街区的地图。对于游戏，我们将使用一个小的地图比例，让玩家很容易识别周围的地标，这将相当于缩放等级 17 或 18。
- **坐标系**（Coordinate system）：历史上有过许多种坐标系用于地理定位兴趣点。许多人熟悉纬度和经度坐标，但可能不会意识到还有许多不同的坐标系。事实上，被当作标准的常见的纬度经度系统也有许多变化。由于我们将在本书中使用 Google 地图，因此使用 WGS 84 坐标系统。请注意，如果你尝试从其他 GIS 导入数据，可能存在差异需要转换。

下图中表示的是 WGS 84 中主要的一些标志线：

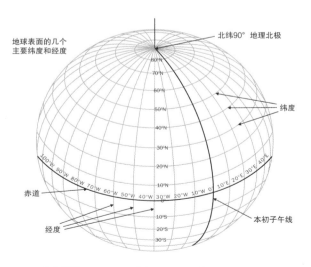

来源于：http://bit.ly/2iOoPNG

本初子午线以西的经度表示为负值；赤道以南的纬度表示为负值。

- **地图投影（Map projection）**：地图映射解决的一个基本问题是将 3D 球形世界用 2D 来表示。早期制图者通过将来自地球仪的光投射到纸筒上并描绘轮廓来解决这个问题。然后展开纸张，就能看到地球的 2D 视图。我们仍然在使用类似的方法来绘制我们的世界。虽然这个 2D 视图会在极点附近失真，但它已成为大部分地图绘制需求的标准。只能说，不同的使用需要产生了不同的地图投影方法。其他一些理论更完善的投影方法已经发展起来，如 Gall-Peters，更好地解决了两极的扭曲。对我们来说，我们会坚持使用 Google 地图的标准 Google Web Mercator 或 Web Mercator。下面示例的全球地图中，左侧使用了 Web Mercator 投影，右侧使用了 Gall-Peters 投影：

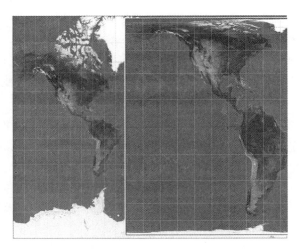

左侧 Web Mercator 投影，右侧 Gall-Peters 投影

GPS 基础知识

GPS 是全球定位系统（Global Positioning System）的首字母缩略词，一个由 24 到 32 颗卫星组成的网络，每小时环绕地球两次。这些卫星在环绕飞行时，会将时间编码的地理信号发射给地球上任何能看到它们的 GPS 设备。然后，GPS 设备无论在行星上哪个位置，都可以使用这些信号进行三角测量定位。设备能接收到其信号的卫星越多，定位就越精确。我们将在 第 4 章 "生成猎物" 中详细了解 GPS 三角测量和精度。

下图显示了一个 GPS 设备从卫星网络中获取可见卫星的信号：

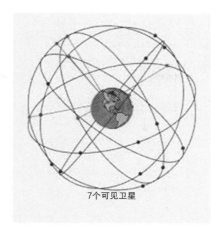

GPS 设备追踪可见的卫星

这是讨论或使用 GPS 设备时可能遇到的术语列表：

- **大地坐标系统（Datum）**：这个术语在 GPS 中用于定义将那些卫星信号转换为可用坐标的坐标变换系统。所有 GPS 设备使用 WGS 84 作为标准，这对我们来说很方便，因为我们的地图也使用 WGS 84。专用 GPS 设备根据专业用户的需求可以支持几种不同的数据。
- **纬度／经度（Latitude/longitude）**：默认情况下，GPS 设备将返回 WGS 84 大地坐标系统中的纬度和经度坐标。对我们来说，这使得事情变得容易，因为我们不需要任何额外的数学转换来映射设备的位置。
- **海拔高度（Altitude）**：这代表设备的海拔高度。目前来说，大部分在上面构建游戏的移动 GPS 设备，并不支持海拔高度。因此，不会在游戏中使用海拔高度，但希望将来能够支持。
- **精确度（Accuracy）**：这表示了位置计算的误差范围，从设备处获知。设备能获取信号的卫星越多，位置计算将越好。但即使能访问到所有 GPS 网络中的卫星，每个设备的精确度也有限制。现代智能手机的精度通常为 5~8 米。而一些较老的智能手机可能高达 75 米。当我们开始允许玩家与虚拟对象交互时，我们将在本书后面花更多的时间讨论 GPS 精度。

Google 地图

如前所述，我们将使用 Google 地图作为我们的地图服务。对于这个版本的游戏，将使用 Google 地图的静态地图，这意味着不需要 Google 地图的数字密钥（API developer key），也不需要知道那是怎么用的。

为了使用静态地图的 API，我们通过包含一组查询字符串参数的 **URL** 发送 **GET** 请求，就像调用典型的 **REST**（**Representational State Transfer**）服务一样。然后，**Google Maps API** 返回与请求匹配的单独图像。以下是 **Google Maps API** 静态地图 **REST** 服务请求的示例：`https://maps.googleapis.com/maps/api/staticmap?center=37.62761,-122.42588&zoom=17&format=png&sensor=false&size=640x480&maptype=roadmap`。

这将呈现以下地图图像：

使用 Google 地图绘制的图像

请通过单击链接，或将该网址复制粘贴到你喜爱的浏览器中来自行测试。让我们把这个 URL 分解开，这样便于理解在请求地图图像时需要定义的元素：

- `https://maps.googleapis.com/maps/api/staticmap`: 这表示 Google 地图服务的基本 URL。如果在没有任何参数的情况下调用此 URL，将返回错误。我们来更详细地看一下每个查询参数和语法组织。
- `?`: 这个问号表示查询参数的开始。
- `center=37.62761,-122.42588`: 这表示了请求的地图中心点的纬度和经度。
- `&`: & 符号表示新查询参数的开始。
- `zoom=17`: 表示了缩放等级，或者说是希望地图绘制的比例。在 GIS 基础知识中曾说过，缩放等级越高，地图比例越小。
- `format=png`: 表示了想要的图像格式。PNG 格式是使用的首选。
- `sensor=false`: 这表示了没有使用 GPS 获取我们的位置。在后面结合了移动设备 GPS 时，这个参数将设为 true。
- `size=640x480`: 表示了请求图像的像素尺寸。

- maptype=roadmap：这个参数请求了地图的类型。可以请求下面 4 种地图类型：
  - roadmap（道路图）：显示街道、交通、景观区域、地表水和兴趣点的地图。
  - satellite（卫星图）：显示实际卫星图像的地图。
  - terrain（地形图）：这个地图混合显示了地形海拔和道路图。
  - hybrid（混合地图）：这个地图在卫星图上叠加了道路图。

幸运的是，你不需要生成这些 URL，因为本章准备的脚本能够生成这样的 URL。但是，当你想要自定义游戏或遇到一些困难时，了解如何对地图进行这些请求，这将很有帮助。

在介绍地图映射时，我们提到的 GIS 地图总以层次构建。Google 地图有个好处就是可以动态地对各种地图层进行调整，以作为请求的一部分。这使我们能够根据我们想要的游戏外观专门设计地图。让我们用几分钟时间使用 Google 地图的设计向导 https://googlemaps.github.io/js-samples/styledmaps/wizard/。

对于游戏，我们设置了几个简单的风格，给游戏加上一个深色的外观。以下截图显示了在 Google 地图的设计向导中显示的式样选择：

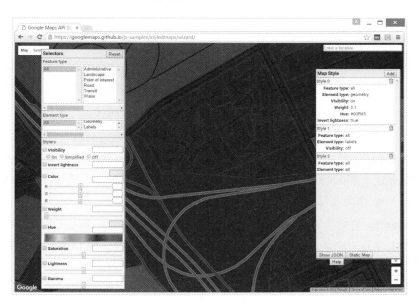

使用设计向导定义的游戏风格

暂时不需要从向导中提取式样用于定义游戏的地图风格。如何定制将在第 9 章"完成游戏"中再介绍。那些好奇的读者，可以通过单击设计向导左侧面板上的 **Static Map** 按钮，快速查看这些式样参数对应的外观。

> 译者注：在中国大陆范围内，按照书中的脚本可能会遇到一些障碍，可以把基本 URL 改成 http://ditu.google.cn/maps/api/。如果想使用百度地图，示例请求如下：http://api.map.baidu.com/staticimage?center=116.403874,39.914888&width=500&height=500&zoom=11，请注意格式与 Google 地图的不同。另外，在下一节中使用瓦片分割地图时，如果想替换成百度地图，请记住百度地图与 Google 地图使用的坐标系统是不同的，具体请查阅百度开发者中心的文档说明：http://developer.baidu.com/。

添加地图

在简要介绍使用 GIS 和 GPS 进行地图映射之后，再回到 Unity，并在游戏中添加一个地图。添加地图时，将再次回顾一些 GIS 术语。现在，让我们接着前一章结束的地方继续。

添加地图瓦片（map tile）

按照下面的步骤，将地图添加到游戏中：

1. 打开 Unity 并加载在前一章创建的 FoodyGO 项目。如果你是直接跳到本章的，可以从下载的源代码中加载项目，在 Unity 中打开 Chapter_2_Start 文件夹加载项目。

2. 打开 Unity 后，你会看到 **Splash** 画面被加载。如果没有加载，那也没问题，因为我们将创建一个新的地图场景。选择菜单命令 **File | New Scene**。

3. 这将在 Unity 中创建一个新的空场景，只有 **Main Camera** 和 **Directional Light**。我们不要忘记保存这个新的场景。选择菜单命令 **File | Save Scene as…**，然后在 **Save Scene** 对话框中输入 Map 作为文件名，单击 **Save** 按钮。

4. 在 **Hierarchy** 窗口中选择 **Map** 场景。然后，选择菜单命令 **GameObject | Create Empty**，在场景中创建一个新的 **GameObject**。选中这个新的对象，在 **Inspector** 窗口中观察它的属性。

5. 在 **Inspector** 窗口中，在 name 编辑框中把 **GameObject** 的名字改成 Map_Tiles。单击 **Transform** 组件中的齿轮图标，在下拉菜单中选择 **Reset Position** 来重置对象的坐标变换。

下面的截图展示了如何从下拉菜单中选择：

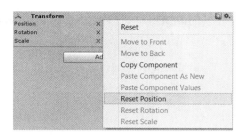

重制游戏对象的位置

1. 我们通常会将大部分游戏对象位置重置为 0 或接近 0，以简化所有的 GIS 数学转换。现在，**Map_Tiles** 游戏对象有了 0 和 1 组成的坐标变换，如下图所示：

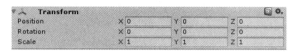

一个坐标归零的游戏对象

2. 选中 **Map_Tiles** 游戏对象后，单击鼠标右键（在 Mac 上按住 Command 键单击鼠标）打开右键菜单，选择菜单命令 **3D Object | Plane**。这个截屏显示了如何在右键菜单中添加平面：

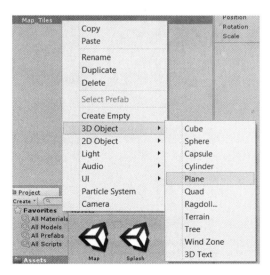

游戏对象右键菜单

3. 选中这个平面游戏对象，在 **Inspector** 窗口中把它重命名为 Map_Tile，确保对象的坐标为零。

GPS 基础知识

4. 双击 **Hierarchy** 窗口中的 **Map_Tile** 平面，使 **Scene** 窗口中的焦点在这个对象上。如果对象不可见，请确保 **Scene** 窗口中的 2D 按钮已经关闭。

5. 在 **Inspector** 窗口，编辑 **Transform** 组件属性，把缩放值（Scale）的 **X** 和 **Z** 都设置为 10。可以注意到，在编辑缩放值时平面的尺寸会变大。

6. 现在需要在我们的 **Map_Tile** 对象中添加一个脚本，它将负责绘制我们的地图。创建新脚本不是现在的关注点，目前只需从导入的资源中添加脚本。当然，在本书后面，将会介绍如何建立新的脚本。我们需要的脚本在下载代码的 `Chapter_2_Assets` 文件夹中。选择菜单命令 **Assets | Import Package | Custom Package…**，打开 **Import package** 对话框。

7. 使用对话框导航到下载源代码中的 `Chapter_2_Assets` 文件夹，然后单击 **Open** 按钮导入 `Chapter2.unitypackage` 资源。

8. 一个进度框会显示正在加载资源，然后马上会被一个 **Import Unity Package** 对话框替代。确保对话框中所有项目都选中后单击 **Import** 按钮。导入脚本资源的 **Import Unity Package** 对话框显示如下：

加载本章资源

9. 导入资源后，将注意到在 **Project** 窗口中的 **Assets** 下创建了的新文件夹。随意探索这个新文件夹及其内容，以熟悉项目资源是如何组织的。请注意文件夹内容与导入的内容完全一致。

10. 在 **Hierarchy** 窗口中选择 **Map_Tile** 对象。单击 **Inspector** 窗口底部的 **Add Component** 按钮，一个下拉菜单会显示可添加的组件列表；选择菜单 **Mapping | Google Tile Map**。这样就把 Google 地图映射脚本的组件添加到 **Map_Tile** 游戏对象中了。

> Unity 资源商店中的免费资源"Google Maps for Unity"是 Google Tile Map 脚本代码的灵感来源。在此基础上,为了适合游戏中的一些高级功能而做了一些改动。

11. 在 **Inspector** 窗口中,编辑 **Google Map Tile** 脚本为如下数值:

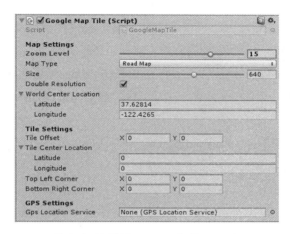

编辑组件数值以和屏幕截图一致

12. 希望你在阅读了之前的内容后能理解这些地图映射参数的含义。现在使用 **15** 的 **缩放级别(Zoom Level)** 进行测试。这些坐标位于旧金山的 Google 公司。当然,以后将连接设备的 GPS 并使用你的本地坐标。

13. 单击 Play 按钮,在几秒钟之后,你的屏幕应该差不多是这样的:

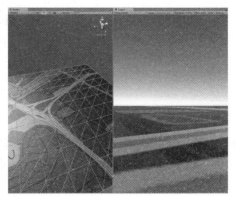

在 Unity 中运行的 Google 地图

GPS 基础知识

14. 如果想要在移动设备上测试游戏，请按照以前使用的步骤来部署。如果不清楚部署游戏的具体细节，请参阅 第 1 章 "准备开始"。

以下是对你先前将游戏部署到设备的步骤的简单摘要：

1. 确保设备通过 USB 线连接到 Unity 开发计算机。
2. 选择菜单命令 **File | Save Scene** 保存场景。
3. 选择菜单命令 **File | Save Project** 保存项目；请注意，在生成之前保存游戏是一个好习惯。Unity 的生成过程有可能使编辑器崩溃，这件事屡有所闻。
4. 选择菜单命令 **File | Build Settings…** 打开 **Build Settings** 对话框。
5. 取消勾选 **Splash** 场景，因为现在不需要它了。单击 **Add Open Scenes** 按钮添加 **Map** 场景到生成目标。
6. 选择适合你的部署平台，Android 或 iOS。
7. 单击 **Build and Run** 按钮开始生成和部署。
8. 出现提示时，将部署保存并覆盖到与之前选择相同的位置。
9. 等待完成生成和部署游戏到设备。
10. 游戏在设备上成功运行后，请观察地图，还可以旋转设备。现在游戏能做得还很少，但是已经能在设备上显示地图了。

你可能会注意到的第一件事是地图图像显得更亮了。这种亮度是由平面上的光照和默认材质带来的。幸运的是，这种视觉风格是我们所追求的，我们将保留这样的亮度。

其次，你将注意到，地图比在上一个样式向导中在服务器上呈现的图像更像素化。这样的像素化是地图图像在平面上展开的结果。显然，解决方案是增加图像尺寸和分辨率。但不幸的是，我们可以从 Google 地图请求的最大图像大小为 1200 像素 × 1200 像素，这正是现在使用的，因为我们已经使用了双倍分辨率。这意味着我们需要找到一个不同的解决方案来获得更干净、更清晰的地图。在下一节中，将解决像素化问题。

排列瓦片

为了追求地图和地图上线条的细节层次，我们通常总是希望以最高的分辨率渲染地图。不幸的是，渲染高分辨率图像对性能要求很高而且容易出错。幸运的是，有许多示例演示了解决方法，那就是在地图映射时把多幅图像或者图像瓦片拼接在一起。

我们将采取完全相同的方法，并将地图从单个瓦片扩展到 3 × 3 网格瓦片，如下图所示：

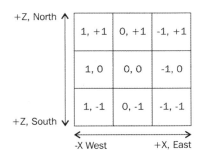

地图瓦片 3×3 网格布局

请注意，在图中，x 轴和瓦片偏移是负相关的。换句话说，X 方向上单位 1 的瓦片偏移将需要在 3D 空间中的 x 轴上负方向偏移。z 轴和 Y 方向的瓦片偏移是直接正相关的。这意味着当 Y 方向瓦片偏移值为 1 时，z 轴也将为正值。由于我们的玩家贴近地面，游戏只需要一个 3×3 的网格。如果你制作的游戏有一个比较高的摄像机，或者需要在地平线上显示更远的位置，可以将瓦片布局扩展到 5×5、7×7、9×9，或者任何你想要的尺寸。

那么，让我们开始将我们的地图从一个瓦片扩展到 3×3 网格瓦片。在 Unity 中按照以下说明构建地图瓦片布局：

1. 在 **Hierarchy** 窗口中选中 **Map** 游戏对象。在 **Inspector** 窗口中，参照下面的数值编辑对象的属性。

    - **Transform, Scale, X:** 3
    - **Transform, Scale, Z:** 3
    - **Google Map Tile, Zoom Level:** 17

2. 在 `FoodyGO` 文件夹上单击鼠标右键打开右键菜单，选择菜单命令 **Create | New Folder** 创建一个新的文件夹。在高亮的编辑窗口把文件夹重命名为 `Prefabs`。

3. 现在将为 **Map_Tile** 对象创建一个预设（prefab）。你可以把预设看作游戏对象的复制或者模板。要创建预设，请选中并拖动游戏对象到刚创建的文件夹中。将看到文件夹中新出现了一个名字为 **Map_Tile** 的预设。创建了预设后，**Hierarchy** 窗口中的 **Map_Tile** 游戏对象会变成蓝色。蓝色高亮表示这个游戏对象被绑定到了一个预设。

4. 再次回到 **Hierarchy** 窗口，选择 **Map_Tile** 对象并重命名为 `Map_Tile_0_0`。这样做是为了表示这是中间坐标（0，0）的瓦片。

5. 在窗口中选中 **Map_Tile_0_0** 游戏对象，按 Ctrl + D 组合键 (在 Mac 中请按 command + D 组合键) 复制这个地图瓦片。同样的步骤重复 8 次，创建 8 个追加的地图瓦片，如下图所示：

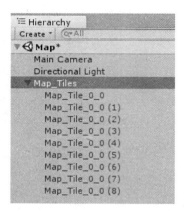

复制的地图瓦片在父节点 Map_Tiles 对象下显示

6. 在 **Inspector** 窗口对每个复制的地图瓦片重命名并设置相应的属性，请参照下面的表格：

游戏对象	属性
Map_Tile_0_0(1)	Name: Map_Tile_0_1
	Transform.Position.X: 0
	Transform.Position.Z: 30
	GoogleMapTile.TileOffset.X: 0
	GoogleMapTile.TileOffset.Y: 1
Map_Tile_0_0(2)	Name: Map_Tile_0_-1
	Transform.Position.X: 0
	Transform.Position.Z: -30
	GoogleMapTile.TileOffset.X: 0
	GoogleMapTile.TileOffset.Y: -1
Map_Tile_0_0(3)	Name: Map_Tile_1_0
	Transform.Position.X: -30
	Transform.Position.Z: 0
	GoogleMapTile.TileOffset.X: 1
	GoogleMapTile.TileOffset.Y: 0
Map_Tile_0_0(4)	Name: Map_Tile_-1_0
	Transform.Position.X: 30
	Transform.Position.Z: 0
	GoogleMapTile.TileOffset.X: -1

续表

游戏对象	属性
Map_Tile_0_0(5)	GoogleMapTile.TileOffset.Y: 0
	Name: `Map_Tile_1_1`
	Transform.Position.X: -30
	Transform.Position.Z: 30
	GoogleMapTile.TileOffset.X: 1
	GoogleMapTile.TileOffset.Y: 1
Map_Tile_0_0(6)	Name: `Map_Tile_-1_-1`
	Transform.Position.X: 30
	Transform.Position.Z: -30
	GoogleMapTile.TileOffset.X: -1
	GoogleMapTile.TileOffset.Y: -1
Map_Tile_0_0(7)	Name: `Map_Tile_-1_1`
	Transform.Position.X: 30
	Transform.Position.Z: 30
	GoogleMapTile.TileOffset.X: -1
	GoogleMapTile.TileOffset.Y: 1
Map_Tile_0_0(8)	Name: `Map_Tile_1_-1`
	Transform.Position.X: -30
	Transform.Position.Z: -30
	GoogleMapTile.TileOffset.X: 1
	GoogleMapTile.TileOffset.Y: -1

7. 按下 Play 按钮运行游戏。游戏运行时，在 **Hierarchy** 窗口选中 **Map_Tile_0_0** 然后按 F 键，在 **Scene** 窗口中能看到这个对象。注意，地图的像素化问题已经被神奇地降低了。你应该能看到类似下页截图的画面。

理解代码

非常棒，现在我们的游戏中有一个很酷的地图。当然构建地图这个过程有点重复；但是如果小心操作，很快就能完成。你可能以为在排列这些瓦片时需要用到很多数学，幸运的是这一切都已经在 `GoogleMapTile` 脚本中完成了。让我们借此机会让 Unity 休息一下，在 **MonoDevelop** 中查看 `GoogleMapTile` 脚本。

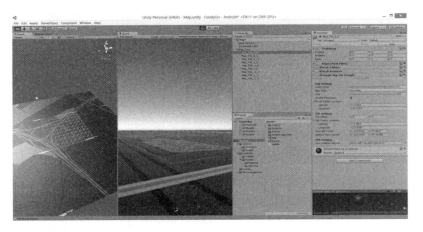

运行模式时的游戏,展示瓦片地图

在 Unity 的 **Hierarchy** 窗口中,选中 **Map_Tile_0_0**,然后在窗口的 **Google Map Tile** 脚本组件中,单击齿轮图标,打开下拉菜单。在菜单中选择 **Edit Script**。在一个进度条显示几秒钟后,MonoDevelop 就会打开。

> MonoDevelop 是 Unity 的默认脚本编辑器。如果你是在 Windows 上开发的,Visual Studio Community 或更高版本也是一个很好的选择。另一个好的选择是 Visual Studio Code,这是一个轻量级的替代品,在 Windows、Mac 和 Linux 都可以使用。

在 MonoDevelop 中,你将看到GoogleMapTile脚本已经打开。正如本书的"预备知识"所述,你需要掌握 C# 的基本知识,这样脚本内容看上去不会那么令人生畏。如果你是 Unity 脚本的新手,也没问题,因为稍后才会详细介绍如何写脚本。现在,我们只集中在很少的代码内容,以显示地图图块拼贴的工作原理。

向下滚动代码,直到找到方法(method)IEnumerator _RefreshMapTile()。下面是从这个方法起始行开始的摘录,我们将详细说明:

```
IEnumerator _RefreshMapTile ()
{
  //找到瓦片中心的纬度和经度
  tileCenterLocation.Latitude = GoogleMapUtils.adjustLatByPixels(
      worldCenterLocation.Latitude, (int)(size * 1 * TileOffset.y),
      zoomLevel);
  tileCenterLocation.Longitude = GoogleMapUtils.adjustLonByPixels(
```

```
worldCenterLocation.Longitude, (int)(size * 1 *  TileOffset.x),
    zoomLevel);
```

正如注释中提到的,这两行代码找到瓦片中心在地图坐标中的 **latitude**(纬度)和 **longitude**(经度)。将瓦片图像的尺寸(size)乘以TileOffset.y用作纬度,乘以TileOffset.x用作经度。相乘的结果和zoomLevel被传给GoogleMapUtilsf,用于计算校正过的瓦片**纬度**和**经度**。看上去是不是很简单?当然,大部分工作都是在GoogleMapUtils方法中完成的,这些功能只是用于转换距离的标准 GIS 数学函数。如果你感到好奇,请看看GoogleMapUtils代码,但现在我们将继续查看_RefreshMapTile方法。

继续向下拖动代码直到下面这部分:

```
//构造查询地图瓦片的字符串参数
queryString += "center=" + WWW.UnEscapeURL (string.Format
    ("{0},{1}", tileCenterLocation.Latitude, tileCenterLocation.
    Longitude));
queryString += "&zoom=" + zoomLevel.ToString ();
queryString += "&size=" + WWW.UnEscapeURL (string.Format ("{0}x
    {0}", size));
queryString += "&scale=" + (doubleResolution ? "2" : "1");
queryString += "&maptype=" + mapType.ToString ().ToLower ();
queryString += "&format=" + "png";

//添加地图风格
queryString += "&style=element:geometry|invert_lightness:true|
    weight:3.1|hue:0x00ffd5";
queryString += "&style=element:labels|visibility:off";
```

正如注释所述,代码的这一部分建立传递给 Google Maps API 的查询参数,以查询地图图像。由于我们将这些参数传递到 URL 中,因此需要确保能编码特殊字符,这就是WWW.UnEscapeURL调用的功能。请注意,在下面的代码还添加了几个样式参数。在第 9 章"完成游戏"中,将介绍如何使用 **Google 地图设计向导**(**Google Maps Style Wizard.**) 轻松添加自己的样式。

最后,拖动到_RefreshMapTile方法的底部;下面是代码摘要:

```
//最后,我们请求图像
var req = new WWW(GOOGLE_MAPS_URL + "?" + queryString);
//等待服务端返回
```

```
yield return req;
//先释放旧的贴图
Destroy(GetComponent<Renderer>().material.mainTexture);
//出错检查
if (req.error != null)
{
  print(string.Format("Error loading tile {0}x{1}: exception={2}",
    TileOffset.x, TileOffset.y, req.error));
}
else
{
  //没有错误，绘制图像
  //返回的图像作为瓦片贴图
  GetComponent<Renderer>().material.mainTexture = req.texture;
  print(string.Format("Tile {0}x{1} textured", TileOffset.x,
    TileOffset.y));
}
```

在第一行，代码使用了WWW类向由GOOGLE_MAPS_URL和之前构造的组成的地址发送请求。WWW类是Unity的一个辅助类，可以发送任意URL调用。在本书的后面，我们将用这个类构造其他的服务请求。

下一行，`yield return req;`，实质是通知Unity直到这个请求响应再继续。我们可以这样做是因为这个方法是一个协程（coroutine）。**协程**是返回**IEnumerator**类型的方法，这是一种简捷的防止线程阻塞的方法。如果曾经做过更传统的C#异步编程，一定会感受到协程的美丽。与之前一样，当进入脚本编写部分时，会介绍有关协程的更多细节。

接着，我们对于对象的当前贴图调用Destroy。Destroy是MonoBehaviour类的一个公开访问方法，可以安全地释放对象和附属于对象的所有组成部分。如果你是经验丰富的C# Windows或Web开发人员，这一步可能对你来说很陌生。只要记住，必须注意内存管理，否则在运行游戏时会很容易失控。在这个例子中，如果删除这行代码，游戏可能会由于纹理内存泄漏而崩溃。

在调用了Destroy之后，我们做了错误检测，只是为了确保请求瓦片图像时没有错误产生。如果有错误产生，就打印错误信息。否则，把当前贴图替换成新下载的图像。然后用`print`在**Console**窗口输出了一条调试信息。`print`方法等同于Debug.log，但是只能在MonoBehaviour的派生类中调用。

最后为了理解_RefreshMapTile方法什么时候被调用，我们来看这段代码。往上拖动代码直到找到Update方法，如下：

```
//Update每帧会被调用一次
void Update ()
{
  //检查是否获得了新的位置
  if(gpsLocationService != null &&
    gpsLocationService.IsServiceStarted &&
    lastGPSUpdate <  gpsLocationService.Timestamp)
    {
      lastGPSUpdate = gpsLocationService.Timestamp;
      worldCenterLocation.Latitude = gpsLocationService.Latitude;
      worldCenterLocation.Longitude = gpsLocationService.Longitude;
      print("GoogleMapTile refreshing map texture");
      RefreshMapTile();
    }
}
```

Update是一个特殊的Unity方法，每个MonoBehaviour类的派生类都有这个方法。正如注释提到的，Update方法每帧会被调用一次。显然，我们不希望每帧都刷新地图瓦片，因为请求也不太可能很快返回。所以，首先需要确保我们正在使用一个定位服务，并且服务已经启动。然后，通过检查时间戳变量判断定位服务是否检测到移动。如果三项测试都通过了，更新时间戳，取得新的中心点世界坐标，打印一条信息，最后调用RefreshMapTile。RefreshMapTile调用了StartCoroutine (_RefreshMapTile)来开始瓦片更新。

因为我们还没有开始连接GPS服务，这部分比较不容易理解。不用担心，我们很快就会涉及，但现在了解地图瓦片被重新绘制的频率将会有所帮助。

在本节中，我们通过绘制图像瓦片而不是单个图像来增强游戏地图的分辨率。为了达到目的，我们仍然使用相当大的地图瓦片。我们可以摆脱这种情况，因为摄像机将在玩家上方向下俯视。可以看到，创建任何大小的瓦片地图是一个简单的过程。如果决定创建一个较大的地图，需要注意，下载多个地图瓦片会大大增加玩家的数据消耗。

设置服务

根据不同的应用和需要，服务可以有广泛的定义。对于我们来说，我们将使用服务这个术语来表示这样的代码，这些代码作为自我管理的类，提供给其他游戏对象使用。服务与库或全局静态类（例如 GoogleMapUtils 类）不同，因为它们作为一个或多个对象运行。在某些情况下，你可能会决定使用单件（singleton）模式实现服务。对于这本书，我们的目的是编写更简单的代码，所以将服务作为游戏对象来创建和使用。

在本章，将设置两个服务。GPS 定位服务，用于定位玩家的位置。CUDLR 用于调试。先从启用 CUDLR 开始，因为它可以在设置定位服务时帮助我们调试各种问题。

设置 CUDLR

CUDLR 代表了 Unity 调试和远程日志的控制台（Console for Unity Debugging and Logging Remotely），是 Unity 资源商店中的免费资源。我们将使用 CUDLR 观察游戏运行时设备的活动，不仅如此，我们还用它远程执行一些简单的控制台指令。在下一章中将看到另一个诊断工具 Unity Remote。这个工具非常强大，但运行时有点问题，经常无法访问定位服务，即使 Unity 声称这是支持的。随着我们游戏开发的进一步深入，你将看到使用远程监视和控制游戏的方法总是有帮助的。

 为了使用 CUDLR，你的移动设备和开发计算时必须在同一个 Wi-Fi 网络。如果你的移动设备无法连接到你的本地 Wi-Fi 网络，请略过本节的内容。

按照以下步骤安装和设置 CUDLR：

1. 选择菜单命令 **Window | Asset Store** 打开窗口。窗口打开后，在 **Search** 区域输入 cudlr 并按回车键。资源列表会在几秒钟后显示。
2. 单击 CUDLR 的图片或者链接加载资源页面。页面加载后，你会看到一个 **Import** 按钮，单击这个按钮将资源导入到项目中。
3. 这个资源很小，所以应该很快就能下载完成。下载成功后，会看到一个 **Import Unity Package** 对话框。只需要确认所有都被选中，如下图所示：

导入 CUDLR 资源

4. 由于这是我们第一次导入这个资源到项目中，选择完全安装。在随后的开发阶段，随时可以决定删除资源中不需要的部分，例如 **Examples** 文件夹。准备好之后，单击对话框中的 **Import** 按钮等待导入完成。

5. 选择菜单命令 **GameObject | Create Empty**，在场景中创建一个父节点的服务对象。这会在 **Hierarchy** 窗口中新添加一个空的游戏对象，把它重命名为 **Services**。

6. 在 **Hierarchy** 窗口的 **Services** 对象上单击鼠标右键打开上下文窗口。在右键菜单中，选择 **Create Empty**。这会添加一个名为 **GameObject** 的对象，作为 **Services** 的子对象。重复这个过程再添加一个空的游戏对象。

7. 选择第一个空对象 **GameObject**，重命名为CUDLR。然后选择第二个对象并重命名为GPS。以后再添加 GPS 服务，但是现在先建立结构会更高效。

8. 在 **Project** 窗口中打开 **Assets/CUDLR/Scripts** 文件夹。在 **Project** 窗口中选择 server 脚本，拖动到 **Hierarchy** 窗口的 **CUDLR** 游戏对象上。这将在游戏对象上添加一个 CUDLR 服务组件。就这样，CUDLR 已经准备就绪。

用 CUDLR 调试

什么使得 CUDLR 成为一个如此有用的工具呢？它将游戏的一部分变成了 web 服务！是的，web 服务！我们可以浏览并与游戏通信，就像安装了一个后门。由于 CUDLR 可以由网络上的任何计算机访问，因此我们也不需要具有物理连接，甚至不需要运行 Unity 来控制游戏。当然，将游戏作为本地的 web 服务运行是游戏和玩家设备的安全隐患。所以，在游戏上市之前，务必删除 CUDLR 服务游戏对象。

按照以下说明建立到游戏 CUDLR 服务的连接：

1. 打开移动设备找到 IP 地址，写下来或者记住。按照下面步骤在 Android 或 iOS 中找到 IP 地址：

    - **Android:** 从菜单命令 **Settings | About phone | Status** 进入，然后向下拖动到 **IP address** 区域。
    - **iOS:** 选择 **Wi-Fi** 打开当前可用的无线网络列表。在列表中找到当前连接的无线网络，然后单击网络名称右边的蓝色图标。**IP Address** 应该在 **DHCP** 标签页的列表中第一个区域。

2. 根据本章之前介绍的步骤生成游戏，并部署到移动设备上。然后在设备上打开运行游戏。
3. 断开设备和计算机之间的 USB 线连接。
4. 打开一个网页浏览器，比如 Chrome 是一个不错的选择。在地址栏输入下面地址：`http://[Device IP Address]:55055/`。
5. 你应该在浏览器中看到 CUDLR 控制台窗口，输出与这个屏幕截图非常相似：

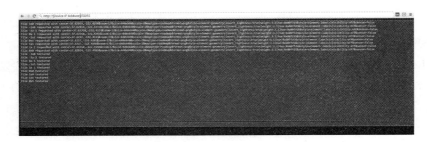

浏览器显示 CUDLR 服务控制台

6. 瓦片地图加载后，在窗口中应该有 9 条请求调用的日志和 9 条响应调用的日志。希望现在你能略微读懂这些请求在做什么。
7. 那么，控制台还能做些其他什么呢？在控制台输出下面的文本框中输入 help，会列出所有的可执行命令。现在只有很少的几条命令，但是以后会增加。如果控制台由于某些原因没有响应，试着刷新页面，另外请确保游戏正在你的移动设备上正常运行。

如果在运行或者连接 CUDLR 时遇到了问题，请参考 *第 10 章 "疑难解答"*。正如我们前面提到的，使用 Unity 进行开发时，我们还将看看调试和诊断问题的其他选择。然而，CUDLR 可以完全远程运行，这将是我们测试游戏的最佳选择，因为我们需要测试现实世界的移动和 GPS 追踪。谈到 GPS，接着就是本章最后一节，然后将所有内容整合在一起。

设置 GPS 服务

生成一个真实世界基于位置的地图所需要做的最后一件事,就是找到设备所在的位置。正如我们在前面的部分中学到的,最好的方法当然是使用内置 GPS 来确定设备位置的纬度和经度坐标。像制作瓦片地图时一样,我们将使用导入的脚本来构建服务,让我们快速完成,而不需要进行任何脚本编写。

在开始之前,请确保设备已启用定位服务,方法如下:

- **Android:** 进入 **Settings | Location** 页面确认服务打开。
- **iOS:** 请按照以下说明进行操作:
    1. 单击 **Privacy | Location Services**。
    2. 向下拖动并单击 **FoodyGO** 按钮。
    3. 通过选择 **Never** 或 **While Using the App** 决定是否允许访问位置。

现在,请按照以下说明来安装 GPS 服务代码并测试游戏:

1. 在 **Hierarchy** 窗口选择 **Services** 下面的 **GPS** 游戏对象。
2. 在 **Inspector** 窗口中单击 **Add Component** 按钮,然后在组件列表中,选择 **Services | GPSLocationService**。
3. 将看到 **GPS** 服务对象添加了一个 **GPSLocationService** 组件。
4. 在 **Hierarchy** 窗口中选中 **Map**,然后按住 Shift 键再单击最下面的地图瓦片,以选中所有的 9 个地图瓦片。
5. 在 9 个地图瓦片都选中状态下,拖动 **Hierarchy** 窗口的 **GPS** 服务对象到 **Inspector** 窗口的 **Gps Location Service** 区域。

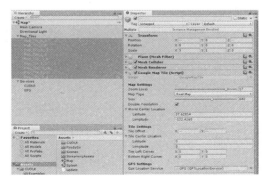

同时编辑多个地图瓦片对象

GPS 基础知识

6. 我们刚才所做的是同时编辑 9 个地图瓦片，给每个对象添加了 **GPSLocationService**。请回顾一下，在研究GoogleMapTile脚本的时候，我们注意到了地图瓦片会调用GPSLocationService，以找到地图世界的中心坐标。

7. 现在 GPS 服务已经连接到所有的地图瓦片上，请单击 Play 按钮，让我们看看现在的情况。

8. 如果你正在挠头想有什么错了吗，不要害怕，实际上没有什么错误。问题是 Unity 编辑器在你的计算机上运行时无法访问定位服务或 GPS。我们需要做的是将游戏部署到你的设备。

9. 像之前所做的一样，生成和部署游戏到设备上，然后运行。现在你应该很熟悉部署游戏了。

10. 你现在应该看到周围地区的地图。地图可能看起来有点偏移，这是由于摄像机位置的原因，别担心，下一章会解决这个问题。如果遇到了地图不匹配的问题，那么请验证以上每个步骤。如果在确认上述步骤后仍然有问题，请参阅 第 10 章 "疑难解答"。

11. 请回到浏览器并且刷新 CUDLR 控制台页面，注意我们能看到控制台所有的输出。请特别关注对于地图瓦片发送的请求，那些中心坐标应该符合你所在的位置。

12. 从你的计算机上断开设备，在你的住处或房产周围转转。但是别走得太远，以免断开了网络连接（Wi-Fi），只需要使 GPS 更新位置。也许更好的方法是请一位朋友拿着移动设备走动，而你可以看着 CUDLR 控制台。

玩得开心……

希望你能觉得，本章最后一节的这个结局是对 GIS、地图映射和 GPS 的简短介绍的奖励。

> 译者注：在 iOS 上，如果 GPS 服务没有启动，CUDLR 窗口中打印 "Timed out"，试着执行菜单命令 Edit | Project Settings | Player，在 Location Usage Description 中输入随便一条 message，重新生成、部署和运行试试。

总结

在本章中，我们介绍了关于 GIS、地图映射和 GPS 的一些基础知识。这些基础知识帮助我们定义了在 Unity 中使用和加载 Google Maps API 时的一些术语。然后，我们在游戏中添加了一个地图，但是质量堪忧。所以我们为游戏地图建立了瓦片地图系统。之后，快速地介绍了一个名为 CUDLR 的控制台调试工具。CUDLR 帮助我们调试了游戏的基本部分，并通过 GPS 找到玩家的位置。这样，在本章结束时，我们已经使用 GPS 定位服务在游戏中添加了 GPS。

现在我们已经建立了基础，接着可以开始更多的游戏开发工作。下一章将旋风般快速地介绍以下内容：为我们的场景添加一位可以完全控制的角色；移动触屏输入；自由视角的摄像机以及如何访问设备的运动传感器。

第 3 章

制作游戏角色

每个游戏需要一些特定元素来表示玩家的存在，以及玩家与游戏虚拟世界的交互点。这个元素可以是赛车游戏中的汽车，迷宫游戏中的蠕虫，FPS（第一人称射击游戏）中的双手和武器，或者是冒险游戏和角色扮演游戏中的动画角色。我们将使用最后这种，用一个动画角色来表示玩家的替身和他在游戏中的位置。使用第三人称视角摄像机，围绕现实世界地图展示角色的运动。这能给我们玩家一个很好的身临其境的游戏体验，使得游戏充满乐趣。

不像以前的章节，用了一些时间讨论背景和术语，本章我们将直接进入 Unity，并开始添加玩家角色。在本章中，将讨论新的游戏开发概念，并涵盖以下主题：

- 导入标准 Unity 资源
- 3D 动画角色
- 第三人称的控制器和摄像机定位
- 自由视角摄像机
- 跨平台输入
- 创建角色控制器
- 更新组件脚本
- 使用 iClone 角色

我们将从前一章结束的地方继续开发。那么，请在 Unity 中打开 FoodyGO 项目，然后开始。如果跳过了前一章的内容，请在下载的源代码中打开 Chapter_3_Start 项目。

导入标准 Unity 资源

游戏开发是一项复杂的工作，需要对硬件平台、图形渲染和管理游戏资源等方面有深刻理解。Unity 通过构建跨平台游戏引擎，将许多复杂的细节从开发人员手中分离出来，使得游戏开发更加容易。然而，因为游戏之间毕竟各不相同，Unity 也支持通过导入资源和插件来支持可扩展性。资源可能包括从脚本和 shader（着色器）到 3D 模型、贴图和声音的所有内容。使用资源快速扩展游戏在 Unity 中是一个强大的功能，我们将在本章中频繁涉及。

让我们从导入一些标准的 Unity 资源到游戏项目开始。Unity 提供了许多开发人员可以在游戏中自由使用的标准资源或参考资源。使用这些标准资源通常是快速开始开发的好方法。然而，根据游戏的特定元素、设计或视觉美学等因素，需要重写或替换标准资源。现在，我们将遵循相同的模式，从标准资源开始，但是我们稍后可能需要重写或替换一些元素。

按照以下说明导入本章将使用的标准资源：

1. 在 Unity 中打开项目并确保加载了 **Map** 场景。再说一次，如果跳过了上一章，请在 Unity 中打开下载的源代码中的 Chapter_2_End 文件夹。

2. 选择菜单命令 **Assets | Import Package | Cameras**。片刻之后，资源包会下载就绪，你看到一个 **Import Unity Package** 对话框，如下图所示：

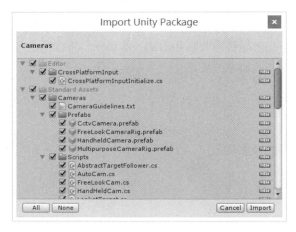

导入摄像机的 Unity 标准资源

3. 确保所有项目都被选中后单击 **Import** 按钮。当资源包导入完成后，会在 **Project** 窗口的 Assets 文件夹中看到一个叫作 **Standard Assets** 的新文件夹。打开这个新的文件夹后，可以看到还添加了一个 **CrossPlatformInput** 文件夹。这是 Unity 导入资源时的典型现象，是值得注意的事情。现在，先不考虑这个。

4. 下面，选择菜单命令 **Assets | Import Package | Characters** 来导入 **Characters** 资源。很快，资源包会准备就绪，**Import Unity Package** 对话框如下图所示：

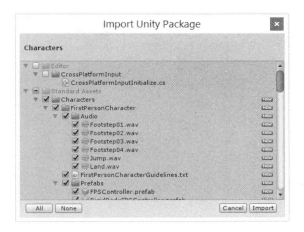

导入角色的 Unity 标准资源

5. 注意到 **CrossPlatformInput** 资源默认没有选中。Unity 编辑器识别出了项目已经导入了这个标准化跨平台资源。单击对话框中的 **Import** 按钮安装 **Characters** 资源。

6. 最后，选择菜单命令 **Assets | Import Package | CrossPlatformInput** 导入 **CrossPlatformInput** 资源。几秒钟后，**Import Unity Package** 对话框将被打开。注意到只剩下一些字体资源需要导入。单击 **Import** 按钮加载剩余的资源到项目中。

好的，我们的项目到现在已经拥有了本章的开发所需要的所有标准资源。请在 Project 窗口中试着打开各个新的资源文件夹，并且熟悉新加载的项目。资源（Assets）是快速添加游戏功能的好方法，但也可能携带许多不需要的部件，这些部件可能会导致项目膨胀。我们将在本章后面寻找方法来管理资源膨胀问题。在下一节中，将开始把这些新资源添加到游戏中。

添加一个角色

一般来说，在开发游戏时，我们将放置一个临时角色来测试游戏功能，并确保符合我们的设计和预期的视觉效果。按照这个原则，现在将使用标准资源角色"Ethan"来获得玩家活动原型。以后，我们会用更令人愉快的角色替换这个原型资源。

按照下列说明将示例角色"Ethan"添加到游戏场景中：

1. 在 **Project** 窗口中，打开Assets/Standard Assets/Characters/Third Person Character/Prefabs文件夹，选中 **ThirdPersonController**。拖动这个预设（prefab）

到 Hierarchy 窗口并放置在 Map 场景中。这样控制器添加到了场景中，并在世界坐标中心放置了示例角色"Ethan"，如下图所示：

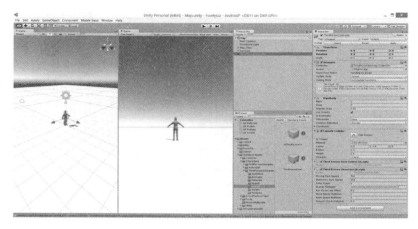

ThirdPersonController 和角色"Ethan"加载到场景中

2. 在 Hierarchy 窗口中选中 ThirdPersonController，并在 Inspectors 窗口重命名为 Player。这个新的对象将在游戏中代表玩家。把玩家对象命名为 Player 是一个惯例，而且，许多标准的脚本会自动连接到名为 Player 的游戏对象中。
3. 单击 Play 按钮，在编辑器中运行游戏。请注意，在游戏运行时，角色变成了活动的，但只是站在原地。如果试着让角色移动或者跳起来，什么也都不会发生。不用担心，这是预想中的，因为我们还没有使用跨平台输入。下面马上会介绍输入。
4. 再次单击 Play 按钮停止游戏。

那么，这非常容易。现在我们在场景中有一个完全可操作的 3D 动画角色。而且，整个过程只需要几步。这就是使用资源（assets）构建原型的能力。但是如你所见，还有很多工作要做。在下一节中，将改变游戏中使用的摄像机，以便更好地表现玩家和游戏世界。

替换摄像机

也许摄像机是大部分游戏中最关键的元素之一。在游戏开发者创造的虚拟游戏世界中，摄像机就是玩家的眼睛。在电脑游戏的早期，摄像机通常是固定的，但有时可能在场景平移或移动。然后有了第一人称相机和第三人称相机，它跟踪玩家的动作，区别只是角度不同。

现今，游戏中的摄像机已经发展成为一个电影级的工具，而且可以根据玩家的行为或动作来改变视角。根据需要，我们将为地图场景使用一个简单的第三人称自由视角摄像机。在本书的后面，为了增强游戏效果，还将添加某些摄像机效果和滤镜。

按照下面的说明把当前的 Main Camera 替换成一个自由视角跟随的摄像机：

1. 在 **Project** 窗口中，打开 **Assets/Standard Assets/Cameras/Prefabs** 文件夹，拖动预设 **FreeLookCameraRig** 到 **Hierarchy** 窗口的 **Player** 游戏对象上。

2. 注意 **Game** 窗口中的视角变成了就在玩家角色的背后。那是因为 **FreeLookCameraRig** 就是被设计成追踪我们的 player 游戏对象上。在 **Inspector** 窗口中查看 **Free Look Cam script** 组件。你将看到一个名为 **Auto Target Player** 的复选框。此复选框选中后，脚本将在场景中搜索名为 **Player** 的游戏对象，并自动附加到这个对象。以下屏幕截图显示了 **Inspector** 窗口中显示的 **Free Look Cam** 组件：

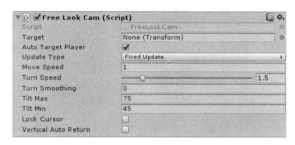

Auto Target Player 选中时的 Free Look Cam 组件

3. 在 **Hierarchy** 窗口选中 **Main Camera** 对象后按 Delete 键，将会删除这个摄像机，因为我们不再需要它了。

4. 单击 Play 按钮运行，游戏仍然无法交互，但画面好多了。接下来，添加输入控制到游戏中。

5. 在 **Project** 窗口，打开 **Assets/Standard Assets/CrossPlatformInput/Prefabs** 文件夹，拖动预设 **DualTouchControls** 到 **Hierarchy** 窗口的 **Map** 场景顶部后放下。你将看到在 **Game** 窗口中叠加了一个双触控面板界面。

6. 在菜单中，选择 **Mobile Input | Enable**，确定移动输入控制功能启用。

7. 单击 **Play** 按钮运行游戏。现在，通过在任何一个叠加的面板上单击鼠标右键并拖动，可以在场景中移动摄像机和游戏角色。现在 **Game** 窗口看上去应该是这样的：

Game 窗口上叠加了一个双触控面板

8. 使用第2章"映射玩家位置"中提到的步骤,生成并部署游戏到移动设备。现在应该能够通过触摸覆盖的面板,从而在场景中自由地移动摄像机和游戏角色。

很棒!只用了极小的努力,我们就有了一个可以在场景中到处走动的角色,还有一个跟随的自由视角摄像机。一些游戏开发者此刻已经欣喜若狂。不幸的是,对于我们来说,当前的输入控制和角色移动方式有一些问题。我们将在下一节中解决这些问题。

跨平台输入

在解决输入问题之前,先了解什么是跨平台输入。跨平台输入创建对于输入控件、按键和按钮的抽象,然后在部署游戏时根据特定设备映射到物理设备控件。

例如,你为PC、Mac和手机开发了一款游戏。不需要程序检查玩家是否在PC单击了鼠标左键,Mac上单击了鼠标或手机上单击了屏幕来触发,只需要检查玩家是否单击了"fire"(开火)控件。然后,"fire"控制将被指定到设备。这样,你就可以轻松地在不同平台上运行游戏,甚至稍后添加新的平台。以下是显示此输入映射如何工作的图示:

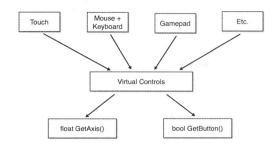

各种各样的输入控件映射到跨平台输入

在下一节中,我们将展示如何在脚本中使用跨平台输入功能的更具体的例子。

修正输入

正如之前提到的那样,标准资源对于原型功能非常有用,但是很快发现它们有很大的局限性。如果查看移动设备上的当前场景,你会注意到以下几个问题:

- 游戏中的角色不需要通过玩家的输入移动,而是应该随着玩家移动设备而移动。所以,不需要控制角色移动的触屏输入。
- 不需要跳跃按钮,将隐藏或去除这个按钮。
- 玩家只能移动摄像机或者通过触屏选择物体和菜单,这意味着可以完全隐藏输入的覆盖图层。

开始解决这些问题,清理游戏界面。要删除移动和跳跃的控件并隐藏触摸板图层。以下是清理移动控制和界面的说明:

1. 在 **Hierarchy** 窗口中选中游戏对象 **DualTouchControls** 并展开。应该看到如下界面:

展开后的 DualTouchControls

2. 选择游戏对象 **MoveTouchpad**，按 Delete 键删除此对象。这时弹出一个提示框告诉你破坏了预设的实例。没有关系，放心单击 **Continue** 按钮。对话框如下图所示：

对话框询问你是否想破坏这个预设

3. 选中游戏对象 **Jump**，并且按 Delete 键删除这个对象。注意到 **Game** 窗口中这些被删除对象的覆盖图层也会随之消失。
4. 选择游戏对象 **TurnAndLookTouchpad**。在 **Inspector** 窗口中，单击 **Anchor Presets** 框展开菜单。我们想让 **TurnAndLookTouchpad** 对象填充到整个游戏屏幕。这样玩家就可以触摸屏幕任意位置来移动摄像机。手动处理这件事会比较复杂，幸运的是 Unity 有一个快捷方式解决这个问题。
5. 在 **Anchor Presets** 菜单打开状态下，按住 Alt 键（在 Mac 上是 option 键）。注意，菜单选项从设置对象的锚点（anchor）变成设置对象的锚点及位置（anchor and position）。按住 Alt 键（在 Mac 上是 option 键）后选择右边底部的选项，如下面右侧的截图所示：

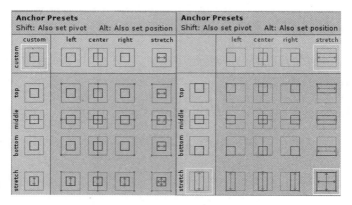

Anchor presets 菜单，选择填充的选项

6. 选择拉伸（stretch-stretch）位置或填充（fill）选项后，应该会看到 **TurnAndLookTouchpad** 填满了 **Game** 窗口。如果对我们做了什么和为什么感到困惑，不要担心。在第 6 章 "保存猎物" 中添加玩家菜单时，将详细介绍我们做的事情。

7. 请选中 **TurnAndLookTouchpad**，在 **Inspector** 窗口中，单击 Image 组件下方 **Color** 属性旁的白色框。颜色对话框打开后，将 **Hex Color** 设置为#FFFFFF00。这会使除了文本之外的覆盖图层消失。

> Hex color是用十六进制数字表示的颜色。通过十六进制表示，很容易辨别颜色的每个基本元素：红（red）、绿（green）、蓝（blue）、透明度（alpha），表示为：#RRGGBBAA。
> 每个组成部分的取值范围是十六进制的00-FF或者十进制的0-255。
> 透明度（alpha）的FF表示完全不透明，00表示完全透明。
> #FF0000FF表示为红色，#000000FF表示为黑色，#FFFFFF00表示为透明的白色。

8. 选中 **TurnAndLookTouchpad** 并展开，选择 **Text** 对象并按 Delete 键删除这个对象。
9. 在编辑器中运行游戏，并将它部署到设备上。注意，现在只能通过滑动控制摄像机。

很好，清理移动的控制和界面帮助我们解决了列表中的几个项目。现在，为了修正玩家角色的移动，需要创建自己的控制器脚本。与大多数游戏不同，我们实际上不希望玩家直接控制自己的角色。相反，玩家需要物理位移设备才能在虚拟世界中四处走动。不幸的是，这也意味着，我们将需要修改一些以前导入和设置的脚本。这就是真实的开发过程，特别是对于游戏开发来说。我们将尽量在本书中减少重写，但重要的是你应该了解它是开发过程的一部分。

首先创建一个新的罗盘和GPS控制器脚本。该脚本将通过跟踪设备的GPS和罗盘来移动地图上的玩家。按照以下说明来创建此脚本：

1. 在 **Project** 窗口中展开Assets/FoodyGO/Scripts文件夹。选中 **Scripts** 文件夹后选择菜单命令 **Assets | Create | Folder** 创建一个新的文件夹。把文件夹重命名为Controllers。
2. 选中 **Controllers** 文件夹后，执行菜单命令 **Assets | Create | C# Script** 创建一个新的脚本。把这个脚本命名为CharacterGPSCompassController。这个名字有点冗长，但是意义很明确。
3. 双击新的脚本，在 MonoDevelop 或者你选择的其他编辑器中打开。你应该能在新的脚本中看到下面列出的代码：

```
using UnityEngine;
using System.Collections;

public class CharacterGPSCompassController : MonoBehaviour {
    // Use this for initialization
```

```
void Start () {

}

// Update is called once per frame
void Update () {

}
}
```

4. 开始会比较简单,只处理控制器的罗盘部分。使用设备的指南针,我们能够在玩家没有移动时,始终将玩家按照设备指向的方向定位。当玩家移动时,将始终使玩家朝向行进方向。在方法Start()中加入下面这行代码:

```
Input.compass.enabled = true;
```

5. Start()方法用于初始化,那一行代码作用是启用设备罗盘,用于读取行进方向。现在罗盘已经启用,在Update()方法中加入以下代码来获取行进方向:

```
void Update()
{
    //定位一个物体的磁极指向,并调整地图反转
    var heading = 180 + Input.compass.magneticHeading;

    var rotation = Quaternion.AngleAxis(heading, Vector3.up);

    transform.rotation =  rotation;
}
```

6. Update()中的第一行代码是一句注释,告诉我们下面几行代码是在做什么而且为什么这么做。写注释时不只是解释在做什么,也需要写下这么做的原因。通常情况下,这么做的原因会更重要一些。请养成在代码中写注释的习惯,注释永远都是有益无害的。

7. 代码的下一行赋值了一个叫作heading的变量,取的值是罗盘相对于磁性北极的偏移量加上180。向罗盘读数增加180度,以便将角色定向到与瓦片地图的北对齐。你可能还记得,为了简化数学计算,瓦片地图是反向的。

8. 下一行代码看上去比较奇怪,特别是当你不知道四元数(quaternion)是什么时。四元数是扩展复数空间的数字系统。这听上去非常绕嘴,特别对于还没有掌握到高等级数学水平的读者。为了不离开主题太远,暂且就把四元数看作一个在3D空间中定义旋转的助手。这意味着调用Quaternion.AngleAxis(heading, Vector3.up)定义了围

绕世界坐标系的"上"或者说是 y 轴的旋转量。这个值被保存在局部变量rotation中。你可以用下面的图来记住，在 Unity 使用的左手系坐标系中每个轴和对应向量的名称：

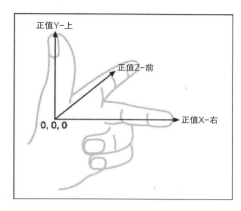

左手系坐标系的解释

9. 最后一行代码把四元数助手计算出的rotation值赋给transform.rotation。输入完最后一行代码后，请在 MonoDevelop 或者你选择使用的编辑器中保存文件。然后回到 Unity，等待几秒钟，新的脚本会被编译到游戏中。Unity 有一个很棒的自动编译功能，在任何文件有改动时都会重新编译整个项目。

10. 在 **Project** 窗口中选择 **CharacterGPSCompassController** 脚本。然后，拖动这个文件到游戏对象 **Player** 上放下。这样就添加了脚本到Player。

11. 在 **Hierarchy** 窗口中选择游戏对象 **Player**。在 **Inspector** 窗口，选择 **Third Person User Control (Script)** 组件旁边的齿轮图标。在下拉菜单中，选择 **Remove Component**，从Player中删除这个脚本，因为我们不再需要通过标准输入脚本来控制角色了。

12. 生成并部署游戏到你的移动设备上进行测试。就像我们测试 GPS 功能时一样，只有运行在有罗盘的真实设备时，才会有罗盘的数值返回。

13. 通过各种方向移动设备来测试游戏，请观察游戏角色如何随着设备旋转而移动。然而，你可能会注意到，移动不是很平滑，它是相当跳跃或抖动的。抖动是由于罗盘的每一次新的读数都会更新玩家状态。如果你曾经看过物理指南针，会看到完全相同的现象。当然，我们不希望角色不停地抽搐，所以让我们来看看如何解决这个问题。

14. 再次在 **Project** 窗口双击 **CharacterGPSCompassController** 脚本，在MonoDevelop编辑器中打开。

15. 把Update()方法的最后一行 transform.rotation = rotation; 改成下面这行代码：

```
transform.rotation = Quaternion.Slerp(transform.rotation,
    rotation, Time.fixedTime*.001f);
```

16. 这个改动使得从一个方向变为另一个方向时的转变更加平滑。把它分解开，以便于理解发生的细节：

    - `Quaternion.Slerp`: 这是一个四元数函数，实现从当前旋转量到新的旋转量的球面插值。不要为球面插值这个词所困惑，它的本质含义是，通过添加额外的平滑点来平滑球面上的旋转。Lerp 是指两个数据点之间的线性插值。在下图中，q_a 是起始点，q_b 是结束点，q_{int} 代表了计算出的平滑点：

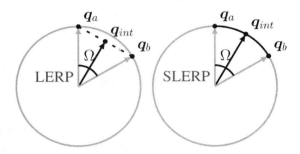

显示 LERP 和 SLERP 分别如何计算平滑点

    - `transform.rotation`: 表示物体当前的旋转量。
    - `rotation`: 我们需要变成的旋转量，也就是前一行代码计算出的值。
    - `Time.fixedTime * .001f`: 这个表示了想要在每次调用中改变多少旋转量。`Time.fixedTime`是游戏渲染一帧画面所需的时间。把这个值乘上了.001f，是为了使每帧改变的旋转量非常小。你可以任意改变这个值来观察旋转量平滑化的效果。

17. 编辑完这个脚本后，请保存文件。然后回到 Unity，等待几秒后脚本重新编译完成。
18. 再次生成和部署游戏，测试游戏，你会注意到现在角色转向时多么平滑。

好的，我们修复了一些界面问题，现在角色可以根据设备的方向转向。通过修改导入的标准资源并编写一个简单的控制器脚本来实现。但是，为了使角色在地图上走动或奔跑，仍然有很多脚本需要添加和重写。由于没有时间（另外我怀疑你是否有耐心）逐行编写和查看脚本更改，将导入所有更新后的脚本，然后更详细地查看重要的部分。

通过执行以下步骤来导入更新后的脚本：

1. 在 Assets 菜单中，选择 **Import Package | Custom Package…**。

2. 打开 **Import package** 对话框后，浏览到下载的源代码Chapter_3_Assets文件夹，选择 **Chapter3.unitypackage** 文件单击 **Open** 按钮。
3. 在打开的 **Import Unity Package** 对话框中，显示了将被导入的文件。注意，有些文件被标记为 **New**，而其他的文件上有"更新"的标志。Unity 以此告诉你文件是被改变了还是新添加的。确保所有项目都选中，然后单击 **Import** 按钮。
4. 所有都导入之后，你会注意到一些游戏对象增加了新的属性，但是游戏运行仍然和原来一样。请在编辑器中单击 Play 按钮测试一下游戏。

所以，在大多数情况下，这些更新后的脚本仍然能使游戏按预期运行。但是，我们还是无法看到角色在地图上移动。为了让角色移动，需要在脚本上设置一些新的属性。但是，在这样做之前，我们应该明白改变了什么。接下来的每个小节都会查看一个脚本组件，以及改变的内容。

以下是对导入和更新脚本的概要和说明：

- **Controllers:**

    - `CharacterGPSCompassController`: 这个脚本更新了，以从 GPS 定位服务中读取 GPS 读数。

- **Mapping:**

    - `Geometry`: 这个文件设计用于自定义的空间类型,添加了一个名为`MapEnvelope`的类型。
    - `GoogleMapTile`: 这个脚本与以前的版本几乎相同，只添加了几行。
    - `GoogleMapUtils`: 这是空间数学函数库。添加了几个用于在地图和游戏世界尺度之间进行转换的新函数。

- **Services:**

    - `GPSLocationService`: 需要更改许多代码来支持新的地图绘制策略。添加了一种模拟 GPS 读数的方法，用来辅助测试和开发。

GPS 定位服务

我们着眼的第一个脚本是 **GPS Location Service**。在 **Hierarchy** 窗口展开 **Services** 对象，并选中服务对象 **GPS**。在 **Inspector** 窗口中检查对象，并注意所有新的属性和模块。GPS 定位服务中增加了两个新的模块。第一个模块是地图瓦片参数，第二个模块是模拟 GPS 数据的新功能。我们将审查这两个新模块的目的和其中的属性。

地图瓦片参数

之前,每当 GPS 服务从设备获取新的更新时,数据将自动被推送到地图,并且地图将重绘。正如你看到的那样,这种简单的方法是有效的,但是它确实遇到了一些问题。首先,每当服务获得新的位置时,地图需要几个花费颇高的调用刷新自身,而且无论设备移动了 1 米还是 100 米。其次,如果要在地图上显示角色,那么不能每次位置更新都刷新地图。相反,只想在角色到达瓦片边界时进行刷新。幸运的是,我们可以让 GPS 服务追踪地图瓦片的尺寸,然后当新的 GPS 读数位于当前中间地图瓦片之外时调用地图刷新,这样就同时解决了两个问题。

下图显示了这是如何工作的:

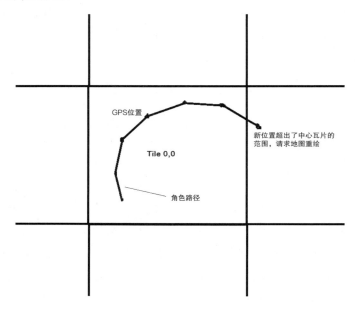

GPS 追踪地图瓦片边界

为了使 GPS 定位服务能够追踪地图瓦片边界,需要知道瓦片是如何生成的。这就是为什么需要将传递与构建地图瓦片时同样的参数到服务中。下面是对这些参数的说明以及它们在游戏中应该如何设置:

- **Map tile scale:** 这表示地图瓦片的比例,把它设置为 30。
- **Map tile size pixels:** 这是从 Google 请求地图瓦片的图像尺寸,把它设置为 640。
- **Map tile zoom level:** 这是地图的缩放等级。为了显示街区级别的地图,把它设置为 17。

Google Static Maps API 能以每 5 秒或者每 24 小时的数量,限制每个 IP 地址或设备发送的请求数。当前的限制是每 24 小时 1000 个请求。

GPS 模拟设置

你可能已经意识到，测试 GPS 服务是困难的。当然，我们设置了 CUDLR，使得应用程序在设备上运行时能查看实时更新，但是有局限性。理想情况下，我们希望在 Unity 编辑器中运行游戏时，能够测试游戏对象如何使用 GPS 服务。这样，可以看到游戏将如何运行，而不必每隔几秒就在房屋或办公室周围移动。通过从 GPS 服务产生模拟位置读数的方式，可以完成此测试。

添加到 GPS 定位服务的模拟服务，使用简单的原点偏移方法来生成数据点。还可以通过这种方式定义简单的运动模式，例如以直线移动或转向移动。以下是有助于说明如何计算数据点的图表：

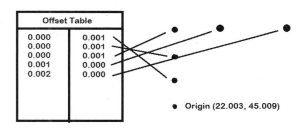

原点位置加上偏移量，并且在每步中累积

偏移数据的方法模拟 GPS 读数

在下面的列表中，更详细地说明了 GPS 模拟的每个属性：

- **Simulating:** 如果选中它，GPS 服务将生成模拟数据。数据模拟不会在移动设备上运行。选中此选项可打开 GPS 模拟。
- **Start coordinates:** 这是模拟的起点。偏移值将从原点累积。使用测试坐标或一些比较熟悉的经纬度坐标。
- **Rate:** 这是以秒计的 GPS 读数模拟频率，5 秒是比较合适的值。
- **Simulation offsets:** 这是相对原点添加和累积的偏移值数组的表（table）。这些值是纬度和经度值，所以这些数字应该很小。一个合适的起始值在 +-0.0003 左右。偏移值将不断循环。因此，在最底部的数值被累加后，偏移表将从顶部重新开始。

为了在 Unity 中设置数组类型并配置 `SimulationService`，请执行以下步骤：

1. 在 Size 区域输入数值的数量，会展开一个可以输入每个数值的列表。下面的截图显示了新的 GPS 定位服务，填写了合适的组件属性：

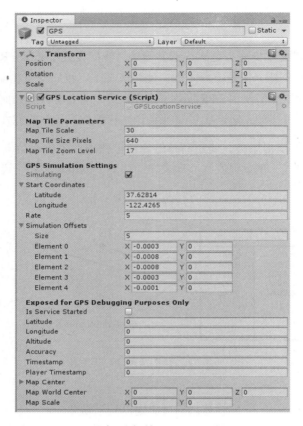

GPS 服务对象的 Inspector 视图

2. 在 **Hierarchy** 窗口选择游戏对象 **Player**。在 **Inspector** 窗口，会注意到 **Character GPS Compass Controller** 脚本组件中增加了一个新的属性。我们需要在脚本中设置 GPS 定位服务，就像在设置地图瓦片时做的。这是有意义的，因为角色控制器也需要使用 GPS 服务的数据更新。这是控制器脚本的截图：

Character GPS Compass Controller 脚本

3. 保持 **Player** 对象选中状态，拖动 **Hierarchy** 窗口的 **GPS** 对象，放置在 **Character GPS Compass Controller** 组件的 **Gps Location Service** 区域。

4. 在编辑器中单击 Play 按钮运行游戏。

现在，随着 GPS 数据的模拟，会看到角色在地图上四处移动。但是，正如你可能注意到的，现在还有几个其他问题。摄像机不再与角色保持固定距离，而且移动太快。幸运的是，这些问题能简单解决，只需要按照以下说明就能快速完成：

1. 在 **Hierarchy** 窗口，展开 **Player** 对象并选中 **FreeLookCameraRig**。摄像机没有追随 Player 的原因，是摄像机追踪了游戏对象但是没有追踪到游戏对象的坐标变换。这是微妙却重要的区别。需要设置摄像机的目标坐标变换为 Player。下面的截图显示了 **Free Look Cam** 脚本组件中空坐标变换的状态：

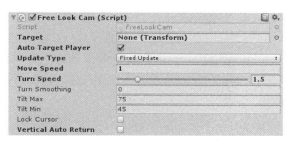

Free Look Cam 脚本属性

2. 在 **Hierarchy** 窗口中保持 **FreeLookCameraRig** 对象选中状态，拖动 **Player** 对象到 **Free Look Cam** 脚本组件。这样会强制摄像机跟随角色的坐标变换。

3. 在 **Hierarchy** 窗口中选择对象 **Player**，在 **Inspector** 窗口中，把 **Third Person Character** 脚本组件中的值设置为 **0.1**，如下图所示：

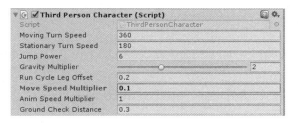

The Third Person Character 脚本组件

4. 将其设置为如此小的原因是考虑到在地图尺度上的差异。典型的角色控制器将以接近行走的速度移动角色。当游戏是 1:1 的比例时，这是可以的。然而，我们的游戏规模更大。计算这个确切的值将取决于许多因素。现在，先预估这个值为 0.1，将角色速度降低为 1/10。在第 9 章"完成游戏"中将把这作为一个讨论的项目。

5. 单击 Play 按钮，在编辑器中运行游戏。如你所见，角色按照预期在地图四处移动。可以尝试其他的模拟点偏移值，并在编辑器中重新运行游戏。最后，生成并部署游戏到设备，然后带着游戏出去散步或者开车看看。

本节涵盖了 GPS 定位服务中更新后的属性。不具体介绍脚本改动，这留给勤奋的读者自己去完成。

角色 GPS 罗盘控制器

从上面的内容回想起，角色罗盘 GPS 控制器唯一的新属性，是指向 GPS 定位服务的引用。这是因为获取了新的 GPS 读数，所以需要更新玩家的位置。因为要从头开始编写角色控制器脚本，来看一下代码，看看有什么变化。

在 Project 窗口定位到 Assets/FoodyGO/Scripts/Controllers 文件夹下的 CharacterGPSCompassController 脚本。双击这个脚本，在 MonoDevelop 或者其他你选择的编辑器中打开。脚本打开后，用几分钟时间查看脚本的变化。

现在，来看看脚本的每个部分，并更详细地了解这些变化。从顶部开始，以下是脚本的开始几行：

```
using UnityEngine;
using UnityStandardAssets.Characters.ThirdPerson;
using packt.FoodyGO.Mapping;
using packt.FoodyGO.Services;

namespace packt.FoodyGO.Controllers
{
  public class CharacterGPSCompassController : MonoBehaviour
  {
    public GPSLocationService gpsLocationService;
    private double lastTimestamp;
    private ThirdPersonCharacter thirdPersonCharacter;
    private Vector3 target;
```

在顶部是 C# 脚本的标准的 using 语句。第一行是所有 Unity 脚本的标准。接下来几行导入了这个脚本需要使用的其他类型。然后，以声明命名空间开始定义脚本。在其他开发平台编写 C# 文件时，定义一个命名空间是标准的，但是在 Unity 中只是为了符合惯例，并不是必需的或强制的。Unity 这样做是为了支持各种各样的脚本语言。但是，你可能会从惨痛的教训中学到，不遵守命名空间规则可能导致各种命名冲突。在本书中，我们将使用 packt.FoodyGO 命名空间。

在命名空间声明之后是类的定义和一些变量定义。加入一个 GPS Location Service 的成员变量，为了使其在 Unity 编辑器中可以更改，设置了公共访问权限。随后是 3 个新加的私有成员变量。下面，将在相关代码部分中检视每个变量的用途。

把一个变量标记为 private，这个变量只能在所属类中内部使用。如果你是一位有经验的 C# 开发者，可能会问，为什么使用一个公共变量（public variable），不是应该使用属性访问器（property accessor）吗？那是因为 Unity 编辑器可以更改一个公共变量，但是私有变量或者属性访问器是被隐藏的。当然，你仍然可以在其他类型中使用属性访问器，但是一般来说，大部分 Unity 开发者会避免使用属性访问器，而是直接使用公共或私有成员变量。

下面是属性访问器的示例：

```csharp
public double Timestamp
{
  get
  {
    return timestamp;
  }
  set
  {
    timestamp = value;
  }
}
```

将要看的脚本的下一部分是下面代码列表中显示的 Start 方法：

```csharp
// 用于初始化
void Start()
{
  Input.compass.enabled = true;
  thirdPersonCharacter = GetComponent<ThirdPersonCharacter>();
  if (gpsLocationService != null)
  {
    gpsLocationService.OnMapRedraw += GpsLocationService_OnMapRedraw
      ;
  }
}
```

如你所见，我们在本章中之前所写的 Input.compass.enabled 这行代码后增加了几行代码。打开罗盘功能之后，下一行代码获得了 ThirdPersonCharacter 脚本组件的引用，并保存到私有成员变量 thirdPersonCharacter。ThirdPersonCharacter 脚本控制角色的移动和动作。下面会看到，我们将在后面的Update方法中使用这个引用来移动角色。

接下来的代码行检查gpsLocationService是否为空。如果值不为空（它不应该是），在 GPS 服务上处理一个名为OnMapRedraw的新事件。OnMapRedraw事件在中间地图瓦片重置中心点和重绘时产生。记得我们之前解释过，GPS 服务现在将跟踪什么时候需要重置地图中心。在服务开始重绘地图瓦片后，这个地图瓦片请求一个新的地图图像。当图像请求返回并且地图瓦片已经更新后，地图瓦片告诉 GPS 服务它已经把自己刷新完成了。然后 GPS 服务会向所有的接收者广播OnMapRedraw事件，告诉它们也需要重置中心点。如果你有点困惑所有这些是如何联系起来的，希望下面的图能帮助你理解：

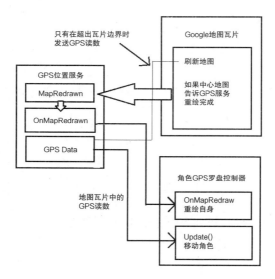

GPS 服务的数据流和事件流

Start 方法之后的几行代码用于注册OnMapRedraw事件。这个事件是一个返回类型为 void 的方法，参数 GameObject g 传递事件源：

```
private void GpsLocationService_OnMapRedraw(GameObject g)
{
  transform.position = Vector3.zero;
  target = Vector3.zero;
}
```

当OnMapRedraw触发时，它告诉角色控制器需要重置角色的位置回到原点，因为地图已经完成了重绘。在这个事件处理中，Player的坐标变换被置为Vector3.zero，等同于(0,0,0)。同样对变量target赋值。我们将在Update方法中再简单地介绍这个变量。

最后，来到最后的方法也是这个类中真正的干活的部分，Update方法。以下是代码清单：

```
// Update每帧被调用一次
void Update()
{
  if (gpsLocationService != null &&
    gpsLocationService.IsServiceStarted &&
    gpsLocationService.PlayerTimestamp > lastTimestamp)
  {
    //把GPS纬度/经度到世界坐标x/y
    var x = ((GoogleMapUtils.LonToX(gpsLocationService.Longitude)
        - gpsLocationService.mapWorldCenter.x) * gpsLocationService.
          mapScale.x);
    var y = (GoogleMapUtils.LatToY(gpsLocationService.Latitude)
        - gpsLocationService.mapWorldCenter.y) * gpsLocationService.
          mapScale.y;
    target = new Vector3(-x, 0, y);
  }

  //检查角色是否到达了新的点
  if (Vector3.Distance(target, transform.position) > .025f)
  {
     var move = target - transform.position;
     thirdPersonCharacter.Move(move, false, false);
  }
  else
  {
    //停止移动
    thirdPersonCharacter.Move(Vector3.zero, false, false);

    //调整物体方向到磁性北方并且调整地图翻转
    var heading = 180 + Input.compass.magneticHeading;
```

```
        var rotation = Quaternion.AngleAxis(heading, Vector3.up);
        transform.rotation = Quaternion.Slerp(transform.rotation,
            rotation, Time.fixedTime * .001f);
    }
}
```

如你所见，添加了一些代码行来支持角色的 GPS 移动。代码可能看起来很复杂，但如果我们花点时间，这是相当简单的。

在这个方法的开始部分，会看到与 Google Map Tile 脚本中几乎相同的检测，用于判断 GPS 服务是否设置、是否运行、是否发送了新的位置数据。在 if 语句内，是一组复杂的计算，使用 GoogleMapUtils 库帮助把 GPS 纬度和经度转换成 x 和 y 的 2D 世界坐标。然后在下一行中再转成 3D 世界坐标，并存储到目标变量。请注意 x 参数前的负号，记得地图 x 方向的翻转，正 x 指向西而不是东。目标变量保存了角色想要移动到哪里的 3D 世界坐标。

下一个 if/else 语句检查玩家是否已经达到目标位置。通常，该测试的值为 0.1f。然而，这是一个现实世界 1:1 的规模，为了需要，将使用一个更小的数字。

在 if 语句内，我们知道角色还没有到达目的地，需要继续移动。为了使角色继续移动，需要传递给 thirdPersonCharacter 一个移动向量。移动向量通过目标位置 (target) 减角色的当前位置 (transform.position) 获得。结果是一个向量，然后在调用 thirdPersonCharacter 的 Move 方法时使用这个向量。ThirdPersonCharacter 脚本内部会管理角色的动画和移动。

在 if 语句的 else 部分，我们知道角色不移动，或者至少不应该移动。所以，还是调用 thirdPersonCharacter 的成员 Move，这一次传送的参数是零向量以停止移动。在这之后，检查罗盘指向并向之前做的那样设置。注意，只有在角色静止时才设置罗盘朝向。毕竟，我们希望角色移动时面向行进的方向。

那么，CharacterGPSController 脚本已经全部查看完了。这个脚本展示了如何实现玩家在地图四处移动，是一个很好的开始。但是，当你玩游戏或邀请其他人玩游戏时，可能会注意到一些需要改进的方面。请随自己心意改进这个脚本，并使其成为自己的。

替换角色

现在，一切都按照期望的在运行，来花一点时间改善玩家角色的外观。我们肯定不希望游戏里的角色只是灰色的 Ethan。当然，这个游戏是用来学习游戏开发而不是 3D 建模的，所以将要使用一些容易获得的东西。如果打开 Unity 资源商店并搜索 "3D characters"，将看到有大量资源，只搜索免费资源也能找到很多。那么最好的选择是什么呢？涉及这个问题时，最好的一定是最适合你和你的团队的。可以自由选择其他角色资源进行尝试。

对于本书，我们将使用可从资源商店免费获得的基本iClone角色。这是一个很好的资源，在写这本书的时候它们得到的评价是五星，这是它们应得的。这个资源包很简洁，没有任何不必要的内容，对于手机游戏来说这是一个很大的优势。此外，角色模型的多边形数量较少，这对于移动平台的渲染很重要。

按照下面说明导入iClone角色，并用它替换掉角色Ethan：

1. 首先通过选择菜单命令 **Window | Asset Store** 打开 **Asset Store** 窗口。
2. 窗口打开后，在搜索框输入iclone，然后按Enter键或者单击搜索图标。
3. 当搜索完成时，列表顶部应该是3个基本的iClone角色 **Max**、**Izzy** 和 **Winston**，如下图所示：

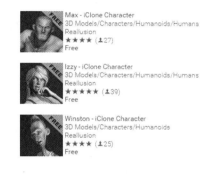

基本的 iClone 角色

4. 现在，在这一步，你可以选择要在FoodyGO版本中使用的角色。所有角色的功能都相同，只在设置上有一点小差异。可以任意选择一个角色，然后再回来添加一个不同的基本角色。请选择一个角色继续，这个选择完全取决于你。

5. 窗口中会加载角色资源的列表，列表中有一个下载和导入资源的按钮。单击 **Download** 按钮，下载需要大概几分钟时间。那么，你应该知道我们该做什么，拿起一杯咖啡或者你喜欢的饮品，等待下载结束。

6. 资源下载完成后，会看到一个 **Import Unity Package** 对话框，提示选择想要导入的。请确认所有都选中，然后单击 **Import** 按钮。

7. 导入结束后，会看到 **Project** 窗口中的 **Assets** 文件夹下增加了一个新的文件夹。新文件夹的名字取决于选择的角色，Max、Izzy或者Winston。

8. 展开角色名的文件夹后选择 **Prefab** 文件夹。你会看到一个角色名的预设（prefab）。从

Project 窗口选择这个预设，拖动到 Hierarchy 窗口后放置到对象 Player 上。

9. 在 Hierarchy 窗口选中并展开对象 Player。确认新的角色已经添加到对象 Player。选择这个角色对象并重置其坐标变换。可以在 Inspector 窗口单击 Transform 组件部分的齿轮图标，然后选择下拉菜单中的 Reset 选项就可以重置坐标变换。

现在你应该看到 iClone 角色重叠在角色 Ethan 上，如下图所示：

iClone 角色重叠在 Ethan 角色上

 这个 3D 角色是用 Reallusion iClone Character Creator 设计的。如果需要进一步定制角色，详细信息请访问 http://www.reallusion.com/iclone/character-creator/default.html。

1. 在 Inspector 窗口中，通过取消选中文本 Animator 旁边的复选框来禁用 Animator 组件。看 Animator 组件中的 Avatar 字段，并记住在那里填写的名称。每个角色都会有所不同，如果需要，请写下来。

2. 回到 Hierarchy 窗口，选择 Player 下面的对象 EthanBody，然后按 Delete 键删除这个对象。同样，删除 EthanGlasses 和 EthanSkeleton。

3. 选择对象 Player，为了更改 Animator 部件的 Avatar 属性，在 Inspector 窗口单击 Avatar 旁的靶心图标。一个包含了几个名字的 Select Avatar 对话框会打开。选择符合你在执行步骤 10 时写下的名字，然后关闭对话框。

4. 通过单击 Play 按钮在编辑器中运行游戏。如果在模拟模式下运行 GPS 服务，新角色应该是一边做着动作一边移动的。然后请你将游戏生成并部署到移动设备。

可以看到，该过程很简单，可以快速替换一个角色。所以请随意尝试几个甚至所有的 iClone 角色。如果有其他角色资源，也可以尝试。当然，这种可能性是无止境的。以下是游戏中 3 个不同 iClone 角色的例子：

游戏中 3 个不同的基础 iClone 角色

总结

这肯定是目前为止最忙碌的一章，涵盖了好几项工作。首先，导入了角色、摄像机和跨平台输入的标准资源。然后，将一个玩家角色以及摄像机和触摸输入控件添加到地图场景中。我们又编写了一个新脚本，用设备的罗盘和 GPS 控制玩家角色。在这之后，我们决定 GPS 服务需要一个模拟模式，以及在地图跟踪 GPS 读数的方法。随后，导入了一些更新的脚本，并将其正确配置，使地图上的游戏角色移动和动作。最后，我们觉得标准资源角色对于我们的口味来说太平淡了，通过导入和配置 iClone 角色来提升游戏。

在下一章中，将继续开发游戏性，并让玩家能够与世界中的物体进行互动。我们将在地图上产生猎物，并允许玩家追踪这些生物。这需要我们做更多的脚本编写、UI 开发、自定义动画和一些特殊效果。

第 4 章

生成猎物

到目前为止，我们已经实现了让玩家在现实和虚拟世界中到处移动，现在是时候加入这个游戏的其他方面了。如果你还记得，在 Foody Go 中，玩家需要抓捕美食怪，其从遗传基因方面解释是实验室事故的产物。这些美食怪们现在正在到处游荡，它们恰巧也是令人称赞的烹饪师和厨师。玩家在抓获怪物后，可以把它训练成为一个更好的厨师，或者将其带到餐厅工作以赚取积分点。随着这一游戏背景的建立，在本章中，我们将重点介绍如何在玩家身边生成和追踪这些怪物们。

这一章将既有 Unity 中的工作也有编写新脚本的工作。我们的游戏设计比较特别，所以 Unity 的标准资源库已经无法满足。另外，为了避免停滞不前，我们预先避开 GIS 和 GPS 复杂的数学知识。取而代之的是只简单地提及 GIS 库函数。如果你已幸运地掌握了足够丰富的 GIS 知识，将顺利到达下一层学习并进入数学领域。如果数学并不是你的目标也没有关系，我们仍然能覆盖以下主题：

- 创建一个新的"怪物服务"
- 理解地图映射的距离
- GPS 精度
- 检查怪物
- 投影坐标到 3D 空间
- 在地图上添加怪物
- 构造怪物预设
- 在用户界面追踪怪物

在展开这些主题之前,如果从前一章就打开 Unity,游戏项目也已经加载,那就可以进入下一节了。否则,请打开 Unity,从下载的源代码中载入 Foody Go 项目或者打开chapter_4_start文件夹。然后,确保地图场景加载完成。

当打开一个保存的项目文件时,你还可能需要加载启动场景。Unity 通常会创建一个新的默认场景,而不会试图猜测应该加载哪个场景。

创建一个新的"怪物服务"

由于我们需要一种追踪玩家周围的怪物的方法,除了使用一个新的服务,没有更好的方法了。"怪物服务"需要完成几项工作,具体如下:

- 追踪玩家位置
- 查询附近的怪物
- 追踪玩家范围内的怪物
- 当一个怪物足够接近玩家时,实例化这个怪物

现在,我们的"怪物服务"只需要查询和跟踪玩家设备本地的怪兽,还不打算创建一个提供许多玩家使用并能看到相同怪物的网络服务。不过,在第 7 章 "创建 AR 世界"中,将我们的服务转换成使用外部服务,来更好地填充怪物。打开 Unity 并按照以下说明开始编写新的服务脚本:

1. 在 **Project** 窗口,打开Assets/FoodyGo/Scripts/Services文件夹。单击鼠标右键打开右键菜单,选择菜单命令 **Create | C# Script** 创建一个新的脚本,并重命名为MonsterService。

2. 双击新的MonsterService.cs文件,在MonoDevelop或者选择的其他编辑器中打开文件。

3. 在 usings 语句之后和类定义之前,加入下面这行代码:

   namespace packt.FoodyGO.Services {

4. 向下滚动到代码最后,添加一个结尾来完成命名空间:

   }

5. 你可能还记得,我们为代码添加了一个命名空间,是为了避免命名冲突以及更好地组织代码。

6. 在类定义刚开始,新增加一行代码:

   public GPSLocationService gpsLocationService;

7. 这行代码允许我们在编辑器中添加对 GPS 服务的引用。请记住，我们仍然需要追踪玩家的位置。完成编辑后，保存文件。

8. 请确认脚本看上去像这样：

```
using UnityEngine;
using System.Collections;

namespace packt.FoodyGO.Services
{
  public class MonsterService : MonoBehaviour
  {
    public GPSLocationService gpsLocationService;
    // Use this for initialization
    void Start()
    {

    }

    // Update is called once per frame
    void Update()
    {

    }
  }
}
```

现在，将要按照下面步骤，在 **Hierarchy** 窗口把这个新脚本添加到一个新的游戏对象 **MonsterService** 中：

1. 回到 Unity，请确认 Map 场景已经加载。
2. 在 **Hierarchy** 窗口中选择并展开 **Services** 对象。
3. 在 **Services** 对象上单击鼠标右键，打开右键菜单，选择 **Create Empty** 创建一个新的空子对象。
4. 在 **Inspector** 窗口选中新建的对象并重命名为 **Monster**。
5. 在 **Project** 窗口打开 Assets/FoodyGo/Scripts/Services 文件夹。

创建一个新的"怪物服务" 71

6. 拖动新脚本 MonsterService 放置在新建的对象 **Monster** 上。
7. 在 **Hierarchy** 窗口选中对象 **Monster**。
8. 选中同样在 **Services** 对象下的 GPS 对象，拖动到对象 **Monster** 至 **Inspector** 窗口的 Monster Service 脚本部件中的 **Gps Location Service** 区域。下面的截图显示了完成后的状态：

Monster 服务已经添加并设置

显然，我们还有许多事情要做，但这是添加新的 Monster 服务的良好开端。在下一节中，我们将深入介绍关于计算距离和世界位置的数学内容。之后，将回到我们的新服务来增加更多的功能。

理解地图映射的距离

在前面的章节中，不必关心距离问题，因为我们只关注固定点，即玩家的位置。现在，我们希望玩家找出怪物。我们想要 Monster 服务来确定一个怪物是否足够靠近，能被看见或听到。为了做到这一点，我们的 Monster 服务需要能够计算两个映射坐标之间的距离：玩家的位置和怪物的隐藏位置。

你可能会问："为什么这么困难，Unity 没有这样的功能吗？"答案既是肯定的，又是否定的。Unity 计算 2D 或 3D 空间两点之间的线性距离非常出色。但是，请记住，我们的映射坐标实际上是围绕球体的地球的度数。为了正确计算球体两点之间的距离，需要在球体上画一条线，然后测量距离。希望下图能够更好地解释这个问题：

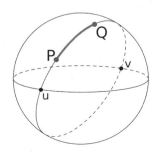

在球体上测量两点间的距离

如上图显示的,我们要测量的是坐标点 P 到 Q 的弧线距离而不是直线距离。作为练习,请考虑在图中测量 u 和 v 之间的距离。想象一下,要从 u 点所在的城市飞到 v 点的城市,希望航空公司用哪种方法计算燃料?

为了正确计算两个地图坐标位置之间的距离,使用一个叫作 haversine 的公式(半正矢公式),如下图所示:

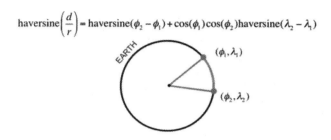

经过一点代数的操作,前面的公式简化到以下形式:

$$d = 2r \arcsin\left(\sqrt{\sin^2\left(\frac{\phi_2 - \phi_1}{2}\right) + \cos(\phi_1)\cos(\phi_2)\sin^2\left(\frac{\lambda_2 - \lambda_1}{2}\right)}\right)$$

Haversine 公式计算距离

如果你不是一个数学家,此刻可能正在闭上眼睛,也可能还在继续努力挣扎,同时你的脑袋随时都可能爆炸。请不用担心,虽然这些公式看上去那么可怕,但是将公式转换成代码非常简单。诀窍就是不要被吓倒,只需要把它分解成很多个小块。如果你是数学家,抱歉我们不会进一步深入分析公式的细节,但其他人相信你能够自己分析清楚。所以,让我们开始把这个公式添加到一个新的 Math 库中:

1. 在 **Project** 窗口,找到 Assets/FoodyGo/Scripts/Mapping 文件夹。
2. 在文件夹上单击鼠标右键打开右键菜单,选择 **Create | C# Script** 创建新脚本,把这个脚本重命名为 MathG。
3. 双击新的 MathG 脚本,在 MonoDevelop 或者你选择的其他编辑器中打开文件。
4. 在 using 语句之后插入下面这行代码,添加命名空间:

   namespace packt.FoodyGO.Mapping {

5. 记得在最后一行添加一个右括号 } 关闭命名空间。
6. 按照下面更改类定义:

```
public static class MathG {
```

7. 既然这是一个库,我们把类标记为 static 并删除 MonoBehaviour。

8. 完全删除 Start 和 Update 方法。

9. 为 system 命名空间添加新的引用语句:

```
using system;
```

10. 此刻,你的基础库应该看上去像这样:

```
using UnityEngine;
using System.Collections;
using System;

namespace packt.FoodyGO.Mapping
{
    public static class MathG
    {

    }
}
```

如果刚开始编写脚本,或者刚开始在 Unity 中编写脚本,那么强烈建议你跟随我们的编码练习。学习编写脚本,没有比亲手实践更好的方法了。可是如果你是一位老练的专业人士,或者想要先快速浏览这些章节以后再看这些代码,这样也是可以的。只要从下载的源代码中打开 Chapter_4_Asset 文件夹,那里有所有完成的脚本。

基本的新 MathG 库已经准备就绪,让我们加入 haversine 距离函数:

1. 输入下面代码在 MathG 类中加入一个新的方法:

```
public static float Distance(MapLocation mp1, MapLocation mp2)
{
}
```

2. 在 Distance 方法内输入下面这第一行代码:

```
double R = 6371; // 平均地球半径 (km)
```

3. 接着,再输入一些初始化代码:

```
// 转换成double，为了提高精度并避免舍入误差
double lat1 = mp1.Latitude;
double lat2 = mp2.Latitude;
double lon1 = mp1.Longitude;
double lon2 = mp2.Longitude;
```

4. 纬度或经度从 float 转换为 double 后，计算差值并将值转换为弧度。大多数三角数学函数需要输入为弧度而不是度数。输入以下代码：

```
// 把坐标转换成弧度值
lat1 = deg2rad(lat1);
lon1 = deg2rad(lon1);
lat2 = deg2rad(lat2);
lon2 = deg2rad(lon2);

// 计算坐标之差
var dlat = (lat2 - lat1);
var dlon = (lon2 - lon1);
```

5. 输入 haversine 公式计算距离的代码：

```
// haversine 公式
var a = Math.Pow(Math.Sin(dlat / 2), 2) + Math.Cos(lat1) * Math
    .Cos(lat2) * Math.Pow(Math.Sin(dlon / 2), 2);
var c = 2 * Math.Atan2(Math.Sqrt(a), Math.Sqrt(1 - a));
var d = c * R;
```

 注意我们使用的System.Math函数，是double精度的，避免了舍入误差。Unity同样支持Mathf库，默认对应float类型。

6. 正如你所看到的，为了简单起见，该公式被分解为几行代码，没有什么特别难的。最后，将函数的返回值转换回 float 类型并以米为单位。请输入这个方法中的最后一行：

```
// 转换回float类型并以从km转换成m
return (float)d * 1000;
```

7. 最后，需要添加一个新的方法来将角度转换为弧度。不知道你是否注意，我们在前面的代码中使用了它。在方法 Distance 的下方，输入以下这个方法的代码：

创建一个新的"怪物服务"

```
public static double deg2rad(double deg)
{
    var rad = deg * Math.PI / 180;
    // 弧度 = 角度 * pi/180
    return rad;
}
```

 现在已经能够计算两个地图映射坐标之间的距离，我们需要一个测试这个公式的方法。在脚本编辑器中打开MonsterService脚本，执行以下步骤：

8. 在gpsLocationService声明之后，添加下一行：

   ```
   private double lastTimestamp;
   ```

9. 在Update方法中，添加下面的代码：

   ```
   if (gpsLocationService != null &&
       gpsLocationService.IsServiceStarted &&
       gpsLocationService.PlayerTimestamp > lastTimestamp)
   {
       lastTimestamp = gpsLocationService.PlayerTimestamp;
       MapLocation dataPoint = new MapLocation (gpsLocationService
           .Longitude, gpsLocationService.Latitude);
       MapLocation mapCenter = new MapLocation (gpsLocationService
           .mapCenter.Longitude, gpsLocationService.mapCenter.
           Latitude);
       var s = MathG.Distance (dataPoint, mapCenter);
       print("Player distance from map tile center = " + s);
   }
   ```

10. 现在大部分代码应该看上去都很熟悉。if语句做了同样一组测试，确认GPS定位服务正在运行并且有新的数据点。有新的数据点时，我们计算从当前数据的经纬度与地图原点之间的距离。然后用print语句输出结果。

11. 需要做的最后一件事情是在文件顶端添加一个using语句，以便引用新的MathG函数：

    ```
    using packt.FoodyGO.Mapping;
    ```

12. 完成编辑后，确保保存所有脚本，然后回到 Unity 编辑器。等待几秒钟，让脚本编译更新。确保你已将 GPS 服务设置为模拟，然后单击 Play 按钮开始测试。

> 如果你是从本书的其他部分跳到这里的，或者忘了怎样启用 GPS 模拟，请参考 第 3 章 "制作游戏角色" 的 "GPS 定位服务" 内容。

13. 游戏开始在编辑器中运行后，选择 **Window | Console** 打开 Unity 的 Console 窗口。
14. 拖动 Console 窗口的标签，停靠到 **Inspector** 窗口的底部，如下图所示：

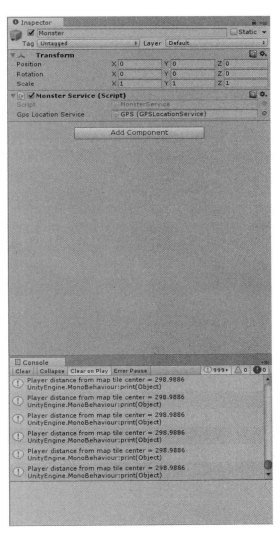

Console 窗口位置

创建一个新的 "怪物服务"

15. 你应该能看到玩家到地图瓦片中心的距离,以米为单位显示。对于当前的配置,一个单独的地图瓦片表示了一个大约为 600 米 × 600 米的区域。所以,我们的角色绝对不会在地图重画之前从任何方向离开中心超过 300 米。如果距离差异很大,请检查 MathG.Distance 函数,确认输入的代码是否正确。
16. 生成游戏并部署到你的移动设备。在移动设备上运行游戏并连接 CUDLR 控制台。在房屋周围或者说是 Wi-Fi 范围内走动,看看得到的距离是什么样的值。

当你在房屋四周或 Wi-Fi 区域走动时,可能会注意到距离不精确或者变化莫测。这种不精确,是设备 GPS 使用卫星三角测量计算位置获得的最佳可能结果。正如你所看到的,设备有时可能会无法得到一个确切的位置。作为 GPS 和地图开发人员,了解这些非常重要,因此将在下一节中详细介绍。

GPS 精度

在第 2 章"映射玩家位置"中,在介绍 GPS 追踪的概念时,只是简略地提及了卫星三角测量的工作原理以及 GPS 精度是什么。在那时候增加额外的细节将只会使信息过多,而且我们没有一个很好的例子来演示 GPS 精度。现在,正如在上一节看到的,GPS 精度会对玩家与世界的互动方式产生影响。因此,花一点时间来了解 GPS 如何计算位置。

GPS 设备使用了绕地球轨道运行的 24~32 颗卫星的网络,称为**全球导航卫星系统**(Global Navigation Satellite System,GNSS)网络。这些卫星每隔 12 小时围绕地球转动一周,并将它们的时间编码位置信息通过微波信号传输。然后,GPS 设备从清晰可见的卫星处接收这些信号。设备上的 GPS 软件使用这些读数来计算距离,并使用三边测量方法来定位自己的位置。GPS 可以看到的卫星越多,计算就会越准确。

下图显示了三边测量的工作原理:

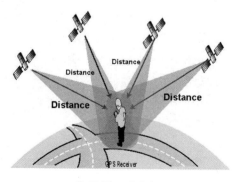

位置的三角测量

精明的读者可能已经注意到我们从使用三角测量(triangulation)转为使用三边测量(trilateration)。这是故意的，三角测量使用角度来确定位置。如上图所示，GPS 实际上使用的是距离。因此，正确和更具体的术语是三边测量。如果向你的朋友解释 GPS 精度，你仍然可能会发现需要使用三角测量术语。

这时你可能会这样想，排除数学因素，如果可以看到很多卫星，并且可以准确计算与卫星的距离，那么我们的准确度应该是非常高的。这是真的，但有一些因素可能会使计算产生偏差。以下是可以干扰 GPS 追踪的距离测量的事项列表：

- **卫星时钟偏移**：卫星使用的原子时钟能向公众提供一个确定的精度等级。美国军方加入的时钟偏移是为了故意降低精度。
- **大气条件**：天气和云层可能会影响信号。
- **GPS 接收设备时钟**：设备的时钟精度将在准确性中起主要作用。例如，手机没有原子时钟。
- **信号阻碍**：卫星信号可能被高层建筑、墙壁、屋顶、立交桥和隧道等堵塞。
- **电磁场**：电力线和微波可能对信号路径产生影响。
- **信号反弹**：GPS 追踪最糟糕的问题是信号反弹。信号可能在建筑、金属墙壁等物体上反弹。

下图展示了信号问题的示例：

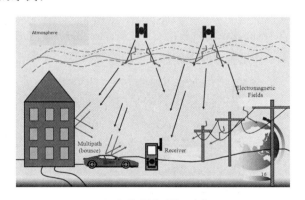

GPS 信号问题示例

了解为什么一个设备没有理想的那么精确，可以在很大程度上帮助你理解在外面测试游戏时遇到的问题。再次运行游戏，保持 CUDLR 连接到你的开发计算机，在房屋周围或者 Wi-Fi 范围内走动。看看你是否明白为什么设备可能会在某些位置不准确了。

所以现在我们知道了设备只能保持某种程度的精确。幸运的是，每个新的位置获取都会返回一

创建一个新的"怪物服务" 79

个精度测量值。这个精度值将基本上给出计算结果的误差半径，以米为单位。通过执行以下操作来测试它：

1. 在 **Project** 窗口打开 Assets/FoodyGo/Scripts/Services 文件夹，双击 Monster-Service 脚本在你选择的脚本编辑器中打开。
2. 将 Update 方法中的 print 语句行改成：

   ```
   print("Player distance from map tile center = " + s + " - 
      accuracy " + gpsLocationService.Accuracy);
   ```

3. 完成编辑后保存脚本并返回到 Unity 编辑器。等待几秒钟脚本重新编译完成。
4. 生成游戏并部署到移动设备。保持连接 CUDLR，再次拿着设备在房屋周围或者 Wi-Fi 范围内走动，以测试游戏。

你最有可能看到返回 10 左右的精度值。可能有一些其他奇怪的值，可能在 500 或 1000 范围内。精度默认为 10 左右的原因是因为这是 GPS 服务启动时的默认设置。它也恰好是配备 GPS 的各种移动设备的典型精度。随着技术的进步，较新的移动设备的典型 GPS 精度在 3 米左右。

由于游戏中玩家将会步行搜索，我们希望计算 GPS 更新和精度能达到最佳的水平。如果玩家在一个方向走了几米后发现走错路，玩家很快就会感到沮丧。按照以下步骤更改 GPS 定位服务的默认精度：

1. 在 Unity 编辑器中，在 **Hierarchy** 窗口选中并展开 **Services** 对象。
2. 选中 **GPS** 对象，在 **Inspector** 窗口单击 **GPS Location Service (Script)** 旁边的齿轮图标，打开下拉菜单，在菜单中选择 **Edit Script**。下面的截图显示了齿轮图标和菜单：

在齿轮图标和下拉菜单中选择 Edit Script

3. 你选择的脚本编辑器会打开GPSLocationService脚本。

4. 就在OnMapRedraw事件声明之后添加下面的变量声明和标题属性（header attribute）：

```
public event OnRedrawEvent OnMapRedraw; //在这行下面添加代码
[Header("GPS Accuracy")]
public float DesiredAccuracyInMeters = 10f;
public float UpdateAccuracyInMeters = 10f;
```

5. 向下滚动到StartService方法，编辑Input.Location.Start()这个调用：

```
//在查询位置之前启动服务
Input.location.Start(DesiredAccuracyInMeters,
    UpdateAccuracyInMeters);
```

6. 完成编辑后保存脚本。返回到Unity编辑器，等待重新编译。

7. 在 **Hierarchy** 窗口选中 GPS 对象，现在在 **Inspector** 窗口中应该能看到刚添加的新标题和属性。把两个精度设置都从 10 改成 1。

8. 生成游戏并部署到移动设备。

9. 当游戏开始在移动设备上运行后，连接 CUDLR 控制台。在房屋周围或者 Wi-Fi 范围内走动，查看 CUDLR 控制台，注意结果的变化。

希望你的设备能够提供比 10 米更好的准确度，而且可能已经看到了大量新的 GPS 更新。如果看到这些更新，还会注意到报告的准确度可能会降至小于 10 的数字。对于那些无法看到变化的读者来说，也许你可以说服朋友换个新的设备来测试游戏。

不幸的是，尽管现在我们的设备每隔几米都报告一次更新，但频繁更新的代价是电池的电量。GPS 使用大量的电力来持续接收卫星信号并进行距离和三边测量。通过请求更频繁地更新，设备上的电池很可能消耗得更快。作为一名游戏开发者，需要确定什么精确度最适合你的游戏。

检查怪物

非常好，现在我们理解了如何确定距离，以及 GPS 精度如何影响位置的三边测量，现在是开始追踪角色周围怪物的时候了。现在暂时使用一种简单的方法来随机地将怪物放在玩家周围。在以后的章节中，将通过 Web 服务放置怪物。

此刻，我们已经涉及了相当数量的脚本，在本章结束前还会涉及更多。此外，需要做的脚本修改更复杂，更容易出错。所以，为了避免经历这场混乱，我们将导入下一节的更改。在本章的剩余部分，我们将适时地在手动编辑脚本和导入脚本之间切换。按照以下说明来导入第一个脚本资源：

1. 在 Unity 编辑器菜单中，选择 **Assets | Import Package | Custom Package…**。
2. 在 **Import package…** 对话框打开时，找到你放置本书下载源代码的路径，打开 `Chapter_4_Assets` 文件夹。
3. 选择要导入的 `Chapter4_import1.unitypackage` 文件，然后单击 Open 按钮。
4. 等待 **Import Unity Package** 对话框显示，确保所有脚本都选中，然后单击 **Import** 按钮。
5. 在 Project 窗口中打开 FoodyGo 文件夹，浏览新的脚本。

在代码编辑器中打开新的 `MonsterService` 脚本，看看发生了什么变化：

1. 在 Project 窗口找到 `MonsterService` 脚本，双击文件，在代码编辑器中打开。
2. 在文件的顶部，你可能注意到的第一件事是添加了一些新的 using 语句和一些新的字段。以下是新字段的摘录：

```
[Header("Monster Spawn Parameters")]
public float monsterSpawnRate = .75f;
public float latitudeSpawnOffset = .001f;
public float longitudeSpawnOffset = .001f;

[Header("Monster Visibility")]
public float monsterHearDistance = 200f;
public float monsterSeeDistance = 100f;
public float monsterLifetimeSeconds = 30;
public List<Monster> monsters;
```

3. 正如你所看到的，添加了新字段来控制怪物的生成，以及什么距离可以看到或听到怪物。最后，我们有一个新的怪物类型的列表变量。不用花时间查看 Monster 类，因为它现在只是一个数据容器。
4. 接下来，向下滚动到 `Update` 方法，注意到距离测试的代码已被删除，替换成了 `CheckMonsters()`。CheckMonsters 是我们新添加的一个方法，用于生成怪物并检查怪物的当前状态。
5. 向下滚动到 `CheckMonsters` 方法，以下是该方法的第一部分：

```
if (Random.value > monsterSpawnRate)
{
```

```
            var mlat =  gpsLocationService.Latitude + Random.Range(-
                latitudeSpawnOffset, latitudeSpawnOffset);
            var mlon =  gpsLocationService.Longitude + Random.Range(-
                longitudeSpawnOffset, longitudeSpawnOffset);
            var monster = new Monster
            {
              location = new MapLocation(mlon, mlat),
              spawnTimestamp = gpsLocationService.PlayerTimestamp
            };
            monsters.Add(monster);
        }
```

6. 这个方法的第一行代码做了一个检测，判断是否需要生成一个新的怪物。这里使用了 Unity 的 Random.value，这能返回一个 0.0~1.0 的随机数，然后再和 monsterSpawnRate 比较。如果生成了一个怪物，新的纬度经度通过当前 GPS 位置加上 +/- 范围的随机位移计算得到。之后，一个新的怪物数据对象被创建并添加到怪物列表中。

7. 再向下滚动一点，你会看到玩家的当前位置转换成了 MapLocation 类型。这样做是为了加快计算速度。在游戏编程中，尽量存储以后可能需要用到的所有东西，避免创建新对象。

8. 在下一行，用到了一个新的 Epoch 类型，并把结果存储到了 now。Epoch 是一个静态的实用类，可以返回以秒为单位的当前时间。这和 Unity 用于从 GPS 设备返回时间戳的时间单位是一致的。

Epoch 或 Unix 时间是时间测量的标准，定义为从 00:00:00 时间（1970 年 1 月 1 日）起经过的秒数。

1. 脚本接下来是一个 foreach 循环，循环内检查怪物与玩家之间的距离是否在能看到或者听到的临界值之内。如果一个怪物被看到或听到，一条 print 语句会输出此状态以及与玩家的距离。代码的所有剩余部分如下：

```
//存储玩家位置，为了计算距离时方便访问
var playerLocation = new MapLocation(gpsLocationService.
    Longitude, gpsLocationService.Latitude);
//得到当前时间，以秒为单位
var now = Epoch.Now;
```

```
foreach (Monster m in monsters)
{
    var d = MathG.Distance(m.location, playerLocation);
    if (MathG.Distance(m.location, playerLocation) <
        monsterSeeDistance)
    {
        m.lastSeenTimestamp = now;
        print("Monster seen, distance " + d + " started at " +
            m.spawnTimestamp);
        continue;
    }

    if (MathG.Distance(m.location, playerLocation) <
        monsterHearDistance)
    {
        m.lastHeardTimestamp = now;
        print("Monster heard, distance " + d + " started at " +
            m.spawnTimestamp);
        continue;
    }
```

2. 查看完这个脚本后回到 Unity,在 **Hierarchy** 窗口选中 **Monster Service** 对象。在 **Inspector** 窗口查看新添加的设置。注意现在不要改变任何设置。
3. 看过这些改变后,生成游戏并部署到移动设备。连接 CUDLR,再次拿着设备在房屋周围或者 Wi-Fi 范围内走动。当你在走动时,请检查有没有新的怪物生成,并且查看距离。

很棒,现在我们已经可以在玩家移动时在他周围生成和追踪怪物。显然,下一步是开始把怪物显示在地图上。不过,在这之前,我们必须在 Monster 服务中添加把地图坐标转换成游戏世界坐标的代码。

投影坐标到 3D 空间

是否记得,在CharacterGPSCompassController类的 Update 方法中,我们已经做过从地图坐标到 3D 世界坐标的转换。不幸的是,那段代码需要依赖 GPS 定位服务决定世界地图的缩放比例。所以,为了使用方便,尽可能添加一个库函数,把它作为 Monster 服务的辅助方法。

幸运的是，这个辅助方法在上一次导入脚本资源时已经添加了。只需要回到代码编辑器，假设你在前一节中已经打开了 Monster 服务脚本，滚动到文件底部。你会注意到添加了一个私有化方法用来转换，显示如下：

```
private Vector3 ConvertToWorldSpace(float longitude, float latitude)
{
  //转换GPS纬度／经度到世界坐标x／y
  var x = ((GoogleMapUtils.LonToX(longitude) - gpsLocationService.
    mapWorldCenter.x) * gpsLocationService.mapScale.x);
  var y = (GoogleMapUtils.LatToY(latitude) - gpsLocationService.
    mapWorldCenter.y) * gpsLocationService.mapScale.y;
  return new Vector3(-x, 0, y);
}
```

这和把玩家坐标转换到世界坐标的代码一样。本质上，我们所做的是将地图坐标投影到 x, y 地图瓦片空间，然后将它们转换为世界空间。

下图可以更好地说明这个概念：

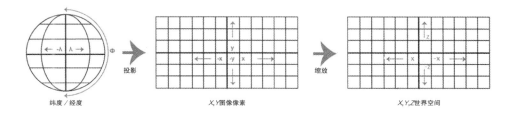

把纬度／经度转变成 (x,y,z) 世界坐标

在地图上添加怪物

现在我们把所有的东西都准备好了，所以，是时候开始在地图上放置怪物了。那么，至少从怪物的对象开始吧。打开 Unity 并按照以下说明将怪物实例化代码添加到 Monster 服务中：

1. 在 **Project** 窗口顶部的搜索框中，输入 monsters。将从资源中自动过滤出名字中有 monsters 的项目。在过滤结果列表中双击 **MonsterService** 脚本，在选择的编辑器中打开脚本，如图所示：

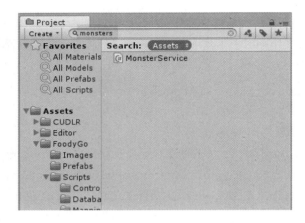

在 Project 窗口搜索 monsters 资源

2. 就在GPSLocationService变量声明下面，添加下面这行代码：

   ```
   public GameObject monsterPrefab;
   ```

3. 向下滚动到文件底部，用下面的代码创建一个新的方法SpawnMonster：

   ```
   private void SpawnMonster(Monster monster)
   {
     var lon = monster.location.Longitude;
     var lat = monster.location.Latitude;
     var position = ConvertToWorldSpace(lon, lat);
     monster.gameObject = (GameObject)Instantiate(monsterPrefab,
        position, Quaternion.identity);
   }
   ```

4. SpawnMonster也是一个辅助方法，用于生成怪物预设。Instantiate方法动态创建并返回对象，传入参数是一个预设游戏对象和位置及旋转。返回的游戏对象被添加为Monster数据对象的引用，以便于以后直接访问这个游戏对象（译注，需要在Monster类中加一行：`public GameObject gameObject;`）。

5. 接下来，需要在CheckMonsters方法中添加一个SpawnMonster的调用。找到CheckMonsters方法中的这一行：

   ```
   m.lastSeenTimestamp = now;
   ```

6. 在这一行的后面，加入下面这行代码：

   ```
   if (m.gameObject == null) SpawnMonster(m);
   ```

7. 这里做的是检测这个怪物是否已经有一个生成的对象附属。如果没有（并且这个怪物是可见的），那么调用 SpawnMonster 来初始化一个新的怪物。
8. 在代码编辑器中保存脚本后回到 Unity，等待 Unity 编译更新后的脚本。
9. 在菜单中选择 **GameObject | 3D Object | Cube**，创建一个新的立方体（cube）游戏对象。在 **Inspector** 窗口中把这个对象重命名为 monsterCube。
10. 在 **Project** 窗口中打开 Assets/FoodyGo/Prefabs 文件夹。然后，拖动新的游戏对象 monsterCube 到 Prefabs 文件夹来创建一个新的预设（prefab）。
11. 在 **Hierarchy** 窗口中删除游戏对象 monsterCube。
12. 在 **Hierarchy** 窗口中选中并展开 **Services** 对象，然后选择 Monster 对象。
13. 从 Assets/FoodyGo/Prefabs 文件夹中拖动预设 monsterCube，放置在 **Inspector** 窗口的 Monster 服务组件的 **Monster Prefab** 空槽中。
14. 单击 Play 按钮在编辑器中运行游戏。确保 GPS 服务启动了模拟功能。模拟运行时，你应该看到玩家周围有 **monsterCube** 对象生成。如果过了一段时间还没看到生成任何怪物，降低 Monster 服务的怪物生成频率到 0.25 左右。下面是示例截图，请注意 **Hierarchy** 窗口中 **monsterCube** 是如何复制添加的：

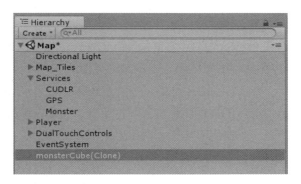

实例化的 monsterCube(Clone) 在 Hierarchy 中显示

很明显，方块作为怪物看起来不是很有说服力，所以让我们来解决这个问题。我们将使用另一个 Reallusion 角色作为怪物的基础。Reallusion 是创建了作为玩家角色使用的伟大的 iClone 的公司。按照以下说明设置新的怪物角色：

1. 选择菜单命令 **Window | Asset Store** 打开 **Asset Store** 窗口。
2. **Asset Store** 页面加载后，在搜索框中输入 groucho，然后按 Enter 键或者单击 Search 按钮。

3. 列表中会有一个付费版本和一个免费版本的 **Groucho** 角色，我们在列表中选择免费版本。

4. 资源页面加载后，单击 **Download** 按钮下载并导入这个资源。这仍然会花费一段时间，那就来杯喝的或者就放松一下吧。

5. 下载完成后，**Import Unity Package** 对话框会被打开。只需要确认所有都选中了，然后单击 **Import** 按钮，如下图所示：

导入 Groucho 角色

6. 角色导入完成后，在 **Project** 窗口中打开 Assets/Groucho/Prefab 文件夹，然后把预设 groucho 拖动到 **Hierarchy** 窗口。

7. 在 **Hierarchy** 窗口中选择 **Groucho** 对象。然后在 **Inspector** 窗口中重置对象的坐标变换：单击 **Transform** 组件旁边的齿轮图标打开下拉菜单，然后在下拉菜单中选择 **Reset**。现在 Groucho 角色应该重叠在你的 iClone 角色上。

8. 在 **Inspector** 窗口中把 Groucho 对象重命名为 **Monster**。

9. 在 **Inspector** 窗口中，单击 **Animation** 组件的 **Animation** 区域旁边的靶心图标。在对话框中选择 **Walk_Loop**，然后关闭对话框。

10. **Groucho** 角色的行走循环动画导入时默认不是循环的。我们需要解决动画循环的问题。首先在 **Inspector** 窗口中选择刚才设置的 **Walk_Loop** 动画，这个动画会在 **Project** 窗口中高亮显示。

11. 然后，选择 **Groucho_Walk_Loop** 对象（译者注：实际操作时并没有发现 parent 的逻辑关系，所以翻译时就无视 parent 这个词了）。动画导入属性将在 **Inspector** 窗口显示，如下图所示：

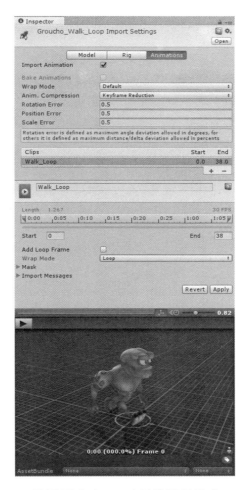

设置 Walk_Loop 动画的重复模式

12. 将 **Wrap Mode** 改变为 **Loop**，然后单击 **Apply** 按钮。
13. 在 **Hierarchy** 窗口选择 **Monster** 对象，调整怪物的大小，将 **Transform** 组件中x,y,z的scale值从 1 改成 0.5。怪物需要更小些而且不要那么可怕。
14. 拖动游戏对象 **Monster** 并放置到 **Project** 窗口的Assets/FoodyGo/Prefabs文件夹中，创建一个新的预设Monster。
15. 在 **Hierarchy** 窗口中选中游戏对象 **Monster**，按 Delete 键删除。
16. 在 **Hierarchy** 窗口中选中并展开 **Services** 对象。然后，选择 **Monster** 服务对象使其显示在 **Inspector** 窗口中。从 **Project** 窗口的Assets/FoodyGo/Prefabs文件夹拖动预设 Monster，放置到 **Inspector** 窗口的 **Monster Service** 组件的 **Monster Prefab** 区域。

17. 单击 Play 按钮在编辑器中运行游戏。确保 GPS 服务启动了模拟功能。下面的示例截图显示了怪物高生成率的状态：

在玩家周围生成怪物

 这个 3D 角色是使用 Reallusion iClone Character Creator 设计的。如需创建更加定制化的角色，详细信息请访问这里 http://www.reallusion.com/iclone/character-creator/default.html。

很好，现在我们能够在地图上生成怪物了。当你在运行游戏时，可能注意到有一些新的问题。以下是需要解决的问题列表：

- 当地图重置自己的中心点，怪物们并没有重置中心位置
- 即使玩家移动到了可视范围之外，怪物们仍然是可见的
- 怪物们都面朝一个方向
- 我们仍然没有追踪可听见的怪物的方法

为了解决前 3 个问题，将再次导入脚本资源，然后查看改变的内容。之后，将通过在屏幕上添加一个 UI 元素来解决最后的那个问题。按照下面说明导入新的脚本和其他需要的资源：

1. 选择菜单命令 **Assets | Import Package | Custom Package...** 导入资源包。
2. 在 **Import package...** 对话框打开后，找到本书下载源代码的 Chapter_4_Assets 文件夹，选择 Chapter4_import2.unitypackage，然后单击 **Open** 按钮。

3. 当 **Import Unity Package** 对话框打开时，只需要确认所有资源都选中然后单击 **Import** 按钮。

4. 在 **Project** 窗口中打开Assets/FoodyGo文件夹可以确认新资源是否导入成功。你应该能看到一些新的文件夹，例如Images和Scripts/UI。

前 3 个问题是通过对MonsterService脚本添加一些代码解决的。在选择的编辑器中打开脚本，然后查看解决方法以及下面列出的各项更改：

1. 怪物需要在地图重绘后重置中心位置：

    - 第一个问题的解决方法是通过挂靠GPSLocationService的OnMapRedraw事件。当中间地图瓦片需要重绘时会触发这个事件。在这里能看到代码的改动：

    ```
    //在Start()中连接事件
    gpsLocationService.OnMapRedraw +=
        GpsLocationService_OnMapRedraw;

    //事件方法
    private void GpsLocationService_OnMapRedraw(GameObject g)
    {
      //地图中心重置了，重置所有怪物的中心位置
      foreach(Monster m in monsters)
      {
        if(m.gameObject != null)
        {
          var newPosition = ConvertToWorldSpace(m.location.
            Longitude, m.location.Latitude);
          m.gameObject.transform.position = newPosition;
        }
      }
    }
    ```

    - 这个方法对于MonsterService中的所有怪物遍历，检查是否有已经初始化的游戏对象。如果有，重新计算游戏对象在地图中的位置。

2. 怪物在被看到后保持可见：

    - 第二个补丁也是比较直接地对CheckMonsters方法做了一些补充。第一个修

正是当一个怪物没有被看到或听到时，要确保其不可见。我们这样实现：如果检测到一个怪物的gameObject字段不为空，那么通过SetActive(false)设置Active属性为false，这就相当于使对象不可见。以下是这部分的代码：

```
//隐藏不可见的怪物
if(m.gameObject != null)
{
  m.gameObject.SetActive(false);
}
```

- 以前，如果一个怪物被看到，只是在gameObject字段为空的时候生成一个新的怪物。现在，还需要确保在怪物有gameObject时，使对象有效并可见。这和上面所做的基本相同，但现在我们使用SetActive(true)确保游戏对象有效并可见。请查看以下的代码部分：

```
if (m.gameObject == null)
{
  print("Monster seen, distance " + d + " started at " + m
      .spawnTimestamp);

  SpawnMonster(m);
}
else
{
  m.gameObject.SetActive(true); //确保怪物可见
}
```

3. 怪物们都面朝一个方向：

- 我们将把怪物们围绕 y 轴Up向量的旋转量设置为随机值，以此来解决最后这个问题。下面是这部分的代码，更新后的SpawnMonster方法如下：

```
private void SpawnMonster(Monster monster)
{
  var lon = monster.location.Longitude;
  var lat = monster.location.Latitude;
  var position = ConvertToWorldSpace(lon, lat);
```

```
    var rotation = Quaternion.AngleAxis(Random.Range(0, 360)
        , Vector3.up);
    monster.gameObject = (GameObject)Instantiate(
        monsterPrefab, position, rotation);
}
```

在 UI 中追踪怪物

对于最后一个问题,我们想要玩家能够追踪在附近却看不见的怪物。我们将通过向玩家提供某种形式的足迹图标或图像作为提示,来实现这个目标。一个脚印或者爪印表示很近,两个印记表示没有那么近,三个印记表示刚刚进入听觉范围。由于只有一种怪物(至少现在如此),我们将只向玩家显示一个图标表示最近的怪物。

在接触代码之前,来看看MonsterService新添加的用于支持足迹范围的属性。展开 **Services** 对象,然后选择 **Monster** 对象。以下是 **Monster** 服务的 **Inspector** 窗口视图:

Inspector 窗口中 Monster 服务的参数

可以在 Inspector 窗口中看到,Monster 服务组件中添加了新的属性段。新的属性段定义了激活不同脚步的范围,用最大值范围定义。举例来说,如果最近的怪物距离是 130 米,玩家会看到两个脚印,因为 130 比 **One Step Range** 设置的 125 大,但是比 **Two Step Range** 的值 150 小。

再次在你喜爱的代码编辑器中打开MonsterService脚本。下面是代码的改动部分，判定并设置了脚印数：

- 第一个改动是在CheckMonsters方法中if语句内检测怪物能否被听到的部分：

  ```
  var footsteps = CalculateFootsetpRange(d);
  m.footstepRange = footsteps;
  ```

- 第二个改动是新添加的CalculateFootstepRange。这个方法只是简单地基于脚步距离参数来决定脚步范围，如下所示：

  ```
  private int CalculateFootstepRange(float distance)
  {
    if (distance < oneStepRange) return 1;
    if (distance < twoStepRange) return 2;
    if (distance < threeStepRange) return 3;
    return 4;
  }
  ```

为了向玩家显示脚步范围，我们将在 UI 中添加一个图标视图，如下：

1. 回到 **Unity**，在 **Hierarchy** 窗口中选择 **Map** 场景。选择菜单命令 **GameObject | UI | Raw Image**。这将展开DualTouchControls对象并添加一个RawImage对象作为子对象。
2. 在 **Inspector** 窗口中把RawImage对象重命名为Footsteps。
3. 选中对象 Footsteps，打开Assets/FoodyGo/Scripts/UI文件夹。拖动FootstepTracker脚本到 **Inspector** 窗口中的Footsteps对象。这会在 **Inspector** 窗口添加一个 **Footstep Tracker (Script)** 组件，如下图所示：

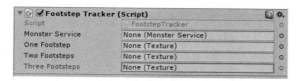

空的 Footstep Tracker (Script) 组件

4. 在 **Hierarchy** 窗口展开 **Services** 对象。拖动 **Monster Service** 对象，放置在 **Inspector** 窗口 **Footstep Tracker** 脚本组件的 **Monster Service** 区域。
5. 单击 **One Footstep** 区域旁边的靶心图标，将会打开 **One Footstep** 对话框。在对话框中向下滚动，选择 **paws1** 然后关闭对话框。这会在 **One Footstep** 区域添加 **paws1** 贴图。

6. 对 **Two Footsteps** 和 **Three Footsteps** 区域重复同样的操作，如下图所示：

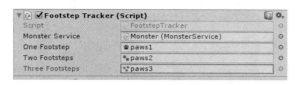

填充的 Footstep Tracker Script 组件

7. 在 **Inspector** 窗口中单击矩形变换图标打开 **Anchor Presets** 菜单。
8. **Anchor Presets** 菜单打开后，按住 Shift 和 Alt 键，然后单击左上角的预设，如下面的对话框所示：

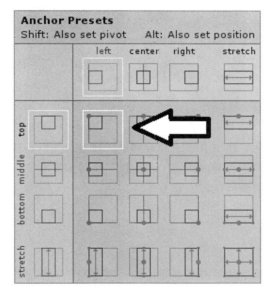

选择预设停靠

9. 现在应该能看到 **Game** 窗口左上角有一个白色的方块，脚印图标将在这里显示。
10. 单击 Play 按钮在 **Unity** 编辑器中运行游戏。确保 GPS 服务以模拟模式运行。当角色四处移动时，应该能看到脚印图标显示，爪子的数量表示了最近怪物的距离，如下图所示：

显示一个脚印

在编辑器中测试游戏完成后，生成并部署游戏到移动设备。然后在住房或街区附近走动，并尝试追踪怪物，检查你可以接近怪物的距离。当你进行实时测试时，请注意我们在怪物服务中设置的各种距离，考虑这些距离值是否需要改变。

总结

在本章的大部分内容中，我们编写并更新了追踪地图上的怪物所需的各个核心脚本。首先从理解一些计算空间距离的基础数学知识开始。然后，转向了解 GPS 精度和影响精度的因素。之后，一头扎进怪物服务脚本和其他依赖脚本的编写。接下来，我们将预设实例化代码添加到怪物脚本中，以便在地图上显示一个简单的预设。然后，在游戏中导入了一个新的怪物角色，并配置了一个新的怪物预设。通过测试，确定还有一些问题尚待解决。我们通过脚本更新和审查将这些问题解决。最后，实现了一种追踪可听见的怪物的方法，添加了一个简单的脚印图标作为新的 UI 元素。

在下一章中，将让玩家尝试在替代现实的视野中捕捉怪物。这是我们在游戏中探索 AR 的第一章，还有一些其他游戏概念，如刚体物理、动画和粒子效果。

第 5 章

在 AR 中捕捉猎物

回想起 Foody GO 故事线,玩家们需要追捕逃脱的实验性烹饪怪物,并捕获它们。截至上一章结尾,玩家可以在地图上追踪和看到周围的怪物。我们现在需要的是让玩家能够与它们进行互动,并试图捕捉他们可以看到的怪物。为了让我们的游戏有沉浸的体验,希望玩家可以在替代现实的视野中捕捉怪物。因此,我们也希望加入设备的相机为捕捉活动提供背景。添加 AR 组件会将我们的游戏真正归属于真实世界冒险而且基于位置的 AR 游戏类型中。

在本章中,将在游戏中添加一些新功能,这促使我们需要接触一些新的概念。与前几章不同,我们不会太过于深入理论,因为这些新概念基本都是游戏开发和 Unity 的基础。相反,我们将审查这些理论在 Unity 内如何工作,并为那些想要了解更多特定概念的人提供一些参考。以下是将在本章中介绍的项目列表:

- 场景管理
- 引入游戏管理器
- 加载场景
- 更新触控输入
- 碰撞体和刚体力学
- 构建 AR 捕捉场景
- 使用相机作为场景背景
- 添加捕捉球
- 投掷球

- 检测碰撞
- 粒子效果反馈
- 捕获怪物

就像前面的章节一样，如果在上一章中打开了 Unity，游戏项目已经加载，那么转到下一节。否则打开 Unity，从下载的源代码中加载 FoodyGO 游戏项目，或打开 Chapter_4_End 文件夹。然后，确保 Map 场景已经加载。

 当你打开一个保存的项目文件时，可能还需要加载起始场景。Unity 将经常创建一个新的默认场景，而不是试图猜测应该加载哪个场景。

场景管理

在向游戏添加一些新功能之前，我们应该暂缓一下，先解决如何从一个场景转换到另一个场景。目前，我们为游戏开发了两个场景：Splash 和 Map 场景。在本章中，还将添加两个场景：Game 和 Catch。但是，我们目前没有办法管理场景转换以及游戏对象的生命周期。理想情况下，我们想要一些可以为我们完成这一切的主对象和/或脚本。这正是我们将要构建的，称为游戏管理器（Game Manager）。

先把激动的心情放一下，为了无缝地加载和转换场景，我们想打扫一下当前的场景。打开 Unity 并按照以下说明来清理和重组当前游戏场景：

1. 确保 Map 场景加载到 Hierarchy 窗口。执行菜单命令 GameObject | Create Empty 创建一个空的游戏对象。
2. 把新对象重命名为 MapScene，并重置其坐标变换。
3. 在 Hierarchy 窗口拖动 Player 对象到 MapScene 对象上，这将使 Player 成为 MapScene 的子对象。对于 Map_Tiles、Services、DualTouchControls 和 Directional Light，重复此操作，如下图所示：

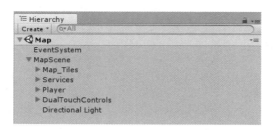

MapScene 的子对象

4. 选择菜单命令 **File | Save Scene** 保存场景。

5. 将场景保存为名为Game的新场景：选择菜单命令 **File | Save Scene As…**，在 **Save Scene** 对话框中输入Game作为名字，然后单击 **Save** 按钮。

6. 为了避免陷入困境，请确保遵循接下来的每个步骤。如果删除某些你不应该删除的内容并保存了，都可以从源代码Chapter_5_Start文件夹重新开始。

7. 在 **Hierarchy** 窗口，选择EventSystem对象并按 Delete 键删除。现在场景应该只包含MapScene和它的子对象们。

8. 在菜单中选择 **File | Save As…**，把场景命名为Map并单击 **Save** 按钮。将提示你覆盖场景，单击 **Yes** 按钮，如下图所示：

确认提示

9. 打开新场景 Game：在 **Project** 窗口选择Assets文件夹，然后双击 **Game** 场景。

10. 选择MapScene对象后按 Delete 键删除。当删除MapScene对象后，注意到 **Game** 窗口变成黑色，并且显示了一条 **"No cameras rendering"** 信息。尽量不要分心，不要恐慌或进入修复模式尝试向现场添加新的摄像机。一切正常，所以请放心继续下一步。

11. 现在 **Game** 场景应该仅有一个EventSystem对象。事实上我们也可以删除这个对象，因为在场景中添加 UI 组件时 Unity 会自动添加这个对象回去。为了更好地管理场景和对象，我们将保持EventSystem对象原样。

12. 选择菜单命令 **File | Save Scene** 保存场景。

13. 打开Splash场景：在 **Project** 窗口选择Assets文件夹，然后双击 **Splash** 场景打开。

14. 选择菜单命令 **GameObject | Create Empty**，将新对象重命名为SplashScene，在 **Inspector** 窗口重置坐标变换为零。

15. 拖动Main Camera、Directional Light和Canvas到SplashScene对象。现在它们都成了SplashScene对象的子对象。

16. 选择EventSystem对象后按 Delete 键删除。**Hierarchy** 窗口的 **Splash** 场景现在看上去应该像下面的截图部分：

场景管理

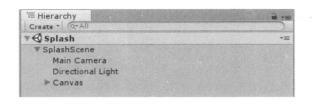

17. 选择菜单命令 **File | Save Scene** 保存场景。

现在应该可以没有任何问题地打开 **Splash** 和 **Map** 场景，并且运行它们。试着测试它们，确保一切运转正常，并且所有都顺利保存。当场景运行时，注意到 EventSystem 对象动态添加到了 **Map** 场景，这正如预期一样正常。

引入游戏管理器

游戏管理器（Game Manager，GM）将作为游戏中主要活动的监督员和控制器。GM 将管理场景的加载、退出和转换，还有将来会遇到的许多更高级的功能。GM 将驻留在游戏场景中，这将是第一个加载的场景。然后，GM 将根据需要管理场景之间的其他活动，如下图所示：

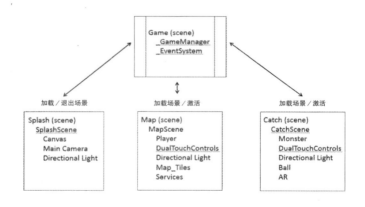

场景和 GM 活动概览

我们将建立并运行GameManager游戏对象和脚本，这能进一步说明情况。不幸的是，这一章将非常繁忙，没有太多时间来查看所有的代码。强烈建议花一些时间自己查看脚本。现在，请按照下面的说明导入和设置GameManager脚本：

1. 打开 **Game** 场景：在 **Project** 窗口中选择Assets文件夹，双击 **Game** 场景。
2. 场景加载完成后，通过选择菜单命令 **GameObject | Create Empty** 创建一个新的空游戏对象。

3. 把新的对象重命名为_GameManager，并且在 **Inspector** 窗口中重置坐标变换为零。注意名字中的下画线，我们将使用下画线来表示一个对象不应该被消除或者释放。
4. 出于相同的原因，在 **Inspector** 窗口选中EventSystem对象并重命名为_EventSystem。
5. 选择菜单命令 **Assets | Import Package | Custom Package…**。然后在 **Import package** 对话框中，定位到本书下载源代码的Chapter_5_Assets文件夹，选择Chapter5_import1.unitypackage。然后，单击 **Open** 按钮开始导入。
6. 当 **Import Unity Package** 对话框打开后，只需要确保所有资源都选中，然后单击 **Import** 按钮。
7. 找到Assets/FoodyGo/Scripts/Managers文件夹。拖动GameManager脚本放置到 **Hierarchy** 窗口中的_GameManager对象。
8. 选中_GameManager对象并设置Game Manager脚本组件的属性如下图所示：

Game Manager 设置

9. 选择菜单命令 **File | Build Settings…**。我们需要添加 **Game**、**Splash** 和 **Map** 场景到生成设置中，并按照下面 **Build Settings** 对话框中显示的顺序进行设置：

Build Settings 对话框，场景添加并排序

引入游戏管理器 101

10. 可以从 **Project** 窗口中的 Assets 文件夹拖动场景并将其放到场景区域，来添加场景。然后，可以选择场景并上下拖动，根据需要放置场景，来重新排列场景。列表中的第一个场景将是最先被加载的场景。确保场景配置与对话框图示一致。

11. 场景添加和排序完成后，单击 Play 按钮，在编辑器中运行游戏。现在可以看到，**Game** 场景快速加载，然后加载 **Splash** 场景，几秒钟后 **Map** 场景加载。还应该能注意到在 **Scene** 窗口中，Map 场景在 **Splash** 场景后面加载。

12. 同样，生成并部署游戏到移动设备。在设备上运行游戏，确保它能像之前的章节中一样正常工作。

加载场景

如前面所述，我们没有时间详细地查看先前修改的代码。但是也不想完全错过重要的编码模式，这意味着仍然会查看几段或者几行重要的代码。在第一次导入的GameManager脚本中，我们要查看的代码的重要部分就是加载场景的方式。按照以下说明来查看代码：

1. 在 **Project** 窗口定位到Assets/FoodyGo/Scripts/Managers文件夹，双击打开Game-Manager 脚本。这将打开选中的编辑器，或者默认的MonoDevelop编辑器。

2. 向下滚动到DisplaySplashScene方法，这部分代码展现了我们想要重点关注的一个重要模式。即使没能打开脚本编辑器也没有关系，这里展示了这个方法：

```
//显示Splash场景，然后加载游戏开始场景
IEnumerator DisplaySplashScene()
{
    SceneManager.LoadSceneAsync(MapSceneName, LoadSceneMode.
        Additive);
    //设置等待退出Splash场景的固定时间
    //我们还可以检查GPS服务是否开始运行或者其他需求
    yield return new WaitForSeconds(5);
    SceneManager.UnloadScene(SplashScene);
}
```

3. 在协程（coroutine）内，注意到使用了一个新的SceneManager类。SceneManager是一个辅助类，允许你在运行时动态加载和退出场景。在第一行中，SceneManager使用异步加载模式添加场景，而不是替换模式。添加场景的加载方式允许你将多个场景加载在一起，然后当不再需要场景时退出场景，如方法的最后一行所示。

4. 请自行查看GameManager脚本的其余代码，确保明白了场景的加载和退出方式。你可能会注意到GameManager中还有许多其他的事情发生。不用担心，我们将很快介绍其中的几件事情。

更新触控输入

现在可以通过GameManager管理场景转换，接下来需要设置触发场景变换的手段。Catch 场景，是玩家单击他们想要捕捉的怪物时的场景，这意味着需要分离出在怪物上的触控输入。请记住，当前的触摸控制在整个屏幕上工作，而且输入只能控制摄像机。我们需要做的是自定义触摸输入脚本来处理这种怪物触摸。幸运的是，为了方便起见，这些脚本更改已经在上次资源导入中添加。按照以下说明来配置新脚本并查看更改内容：

1. 打开 Unity 编辑器并加载 **Map** 场景。
2. 在 **Hierarchy** 窗口中，展开MapScene对象后选中对象。在 **Inspector** 窗口中把这个对象重命名为UI_Input，这个名称更能描述对象的功能。

    把游戏对象、类、脚本或其他组件重命名为能匹配其功能的名称，这是一个很好的开发习惯。一个好名字的作用可以等同于说明功能的几行文档，而一个不好的名字会导致各种挫折，以及在升级或维护时的噩梦。

3. 展开UI_Input对象并选择TurnAndLookTouchpad。
4. 从Assets/FoodyGo/Scripts/TouchInput文件夹中，拖动CustomTouchPad脚本放置到TurnAndLookTouchpad对象。
5. 在 **Inspector** 窗口中，就在 **Touch Pad** 组件下方会增加一个 **Custom Touch Pad** 脚本组件，如下图所示：

Inspector 窗口中的 Touch Pad 和 Custom Touch Pad 组件

6. 复制 **Touch Pad** 组件中的所有设置到 **Custom Touch Pad** 组件中，确保设置相同。
7. 单击齿轮图标，在下拉菜单中选择 **Remove Component**，删除 **Touch Pad** 组件。
8. CustomTouchPad脚本和TouchPad脚本几乎完全一样，只有一行的差别。你可能在想，为什么我们不在原始的脚本上修改呢？我们创建了脚本的新副本，然后修改它，是为了使它成为我们自己的版本。这样，如果将来需要升级 **Cross Platform Input** 资源，自定义脚本更改就不会被覆盖。
9. 单击 **Custom Touch Pad** 组件上的齿轮图标，在下拉菜单中选择 **Edit Script**，将在选择的编辑器中打开脚本。
10. 向下滚动找到方法OnPointerDown，下面摘取的是这个方法中更改的一行：

```
public void OnPointerDown(PointerEventData data)
{
  if (GameManager.Instance.RegisterHitGameObject(data)) return;
```

11. 当用户第一次触摸屏幕，也就是滑动的开始时，OnPointerDown方法将被调用。我们想要的是当触摸到的是一个重要对象时，不继续跟踪滑动动作。这正是这行新代码所做的。这行代码调用了GameManager.Instance.RegisterHitGameObject，触摸位置作为参数。如果触摸到一个重要的对象，得到返回值true然后返回，不让滑动动作开始。如果相反，没有碰到任何东西，滑动将会正常执行。

> GameManager.Instance表示GameManager的单件（singleton）实体的调用。单件是一种著名的用于维护全局单一对象实例的模式。单件对于GameManager是完美的，因为它将被许多类用于控制单个游戏状态。

12. 现在，当你还在代码编辑器中时，再次打开GameManager类。
13. 向下滚动到RegisterHitGameObject方法：

```
public bool RegisterHitGameObject(PointerEventData data)
{
  int mask = BuildLayerMask();
  Ray ray = Camera.main.ScreenPointToRay(data.position);
  RaycastHit hitInfo;
  if (Physics.Raycast(ray, out hitInfo, Mathf.Infinity, mask))
  {
    print("Object hit " + hitInfo.collider.gameObject.name);
```

```
        var go = hitInfo.collider.gameObject;
        HandleHitGameObject(go);

        return true;
    }
    return false;
}
```

14. 这个方法的功能是判断特定的触摸输入是否命中场景中的某个重要对象。它的原理是将屏幕上的位置投射一根射线到游戏世界中。你可以将射线看成一个光线指示器，也许下图可以帮助你理解：

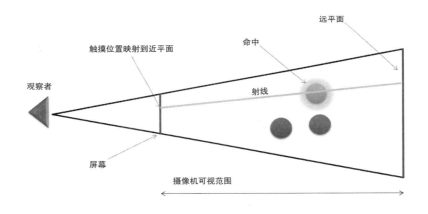

触摸投影成一根射线到场景，以判断命中对象

15. 大部分的工作是在`Physics.Raycast`方法中完成的，它使用了触摸交互的射线投射、`RaycastHit`对象的引用、射线需要被测试的距离，以及一个层掩码，确定一个对象是否命中以及如何命中。这里有很多事情要做，所以进一步分析这些参数：

    - `Ray`: 射线或直线，用于测试碰撞
    - `out RaycastHit`: 返回碰撞信息
    - `Distance`: 搜索需要的最大范围

     代码中，使用`Mathf.Infinity`作为搜索范围。对于目前场景中的对象数量，这可以正常工作。在更复杂的场景中，无穷值可能需要高昂的代价，因为你可能只想测试视觉距离中的所有对象。

更新触控输入

- Mask：掩码用于决定需要在碰撞测试中使用的层。将在下一节中详细介绍物理碰撞和层（layer）。

16. 返回 Unity，单击 Play 按钮在编辑器中运行游戏。注意到，没有什么新的事情发生。那是因为缺少了一个重要的部分。Physics.RayCast测试碰撞是对于有碰撞体的对象。到目前为止，怪物对象还没有碰撞体，也没有以任何方式配置使用物理引擎，但是我们会尽快做出改变。

碰撞体和刚体物理

到目前为止，我们一直避免对物理学的讨论，但是自从在场景中添加了一个角色以来，游戏一直在使用 Unity 物理引擎。Unity 物理引擎分为两部分：一个用于 2D，另一个是更复杂的 3D。物理引擎给游戏带来生命，使得游戏环境更加真实自然。开发者可以使用这个引擎快速轻松地添加新对象到游戏世界，这些对象会自动地获得真实的反应。由于已经有了一个可以很好运行的示例，其中有使用物理引擎的游戏对象，让我们来看看：

1. 在 Unity 中，确保加载了 **Map** 场景。
2. 在 **Hierarchy** 窗口展开MapScene对象，然后选择Player对象。双击Player对象使其展现在 **Scene** 窗口。
3. 观察 **Scene** 窗口和包裹在你的 **iClone** 角色的绿色胶囊体。在 **Inspector** 窗口中，检查 **Rigidbody** 和 **Capsule Collider** 组件，以下是两个窗口的屏幕截图：

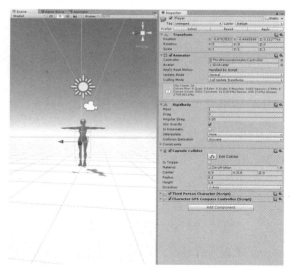

Scene 和 Inspector 窗口显示 Player 的物理属性

4. 刚体（rigidbody）和碰撞体（collider）的组件对于确定对象的物理是至关重要的，以下是每个组件的简单摘要以及它们如何相互关联：

- **Rigidbody:** 将刚体看作是定义物体的质量属性的东西，例如物体是否对重力产生反应，或其质量多少、旋转容易程度等。
- **Collider:** 这通常是用于定义对象边界的简化几何体。使用简化的几何形状，如长方体、球体或胶囊体，这样可以非常快速地执行碰撞检测。使用更复杂的网格体（mesh），甚至尝试使用实际的角色网格体，那么每次碰撞测试时物理引擎可能会被拖垮。每一帧，物理引擎将测试检查对象是否相互碰撞。如果对象之间相互碰撞，物理引擎将使用牛顿运动定律来确定碰撞的影响。不必多说，如果想进一步了解物理学，谷歌（或百度）可以提供大量的资源。在更高级的游戏中，可以使用几个胶囊碰撞体来包裹躯干和四肢。那样就可以对各个身体部位进行碰撞检测。对于目标，胶囊碰撞体足够符合需要。

随着物理定义的出现，回到我们的怪物。我们将按照以下说明添加这些物理组件到怪物预设中：

1. 在 **Project** 窗口中打开Assets/FoodyGo/Prefabs文件夹，拖动预设Monster放置到 **Hierarchy** 窗口。
2. 双击预设 monster，使得 Scene 和 Inspector 窗口聚焦到它。
3. 选择菜单命令 **Component | Physics | Capsule Collider** 添加一个胶囊碰撞体。
4. 选择菜单命令 **Component | Physics | Rigidbody** 添加一个刚体。
5. 仔细观察 **Scene** 窗口，将看到胶囊碰撞体没有包裹住怪物。尝试调整 **Capsule Collider** 组件属性，或使用下图对话框所示的设置：

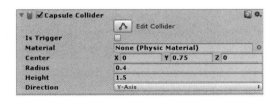

怪物的 Capsule collider 组件设置

6. Inspector窗口聚焦在怪物时，单击窗口顶部 **Prefab** 设置中的 **Apply** 按钮，这将应用更改到预设。让Monster对象仍然留在 **Hierarchy** 窗口中。
7. 在编辑器中单击 Play 按钮运行游戏。在观察游戏运行时，大概会注意到角色现在站在了怪物的头顶，然后跳下去。可怜的怪物不幸倒下，然后在地上打滚。如果第一次没有看到这个现象，尝试多运行游戏几次直到看到同样的现象。

8. 我们不会添加让怪物重新站起来的功能。我们要做的是让Player与 **Monster** 对象无法相互影响。最好的现实世界类比是，在游戏中正在制造怪物幽灵，它们可以被看到和听到，但无法触碰。
9. 选择Monster对象。在 **Inspector** 中窗口选择 **Layers** 下拉框，然后选择 **Add Layer…**。
10. **Tags and Layers** 面板将会打开，在列表中添加两个新的层，名为Monster和Player，如下图所示：

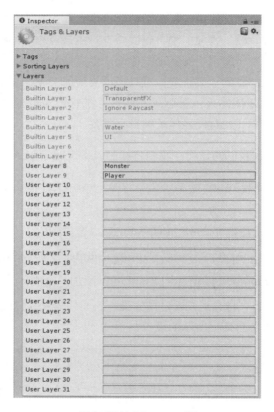

添加新的 Monster 层

11. 再次在 **Hierarchy** 窗口中选中Monster对象。现在Monster的 **Layer** 下拉框里将显示 **Monster** 层。
12. 在 **Hierarchy** 窗口中选择Player对象。在 **Inspector** 窗口中选择 **Layer** 下拉框，然后改为 Player 层。提示是否同样更改子对象，单击 **Yes, change children** 按钮，如下图所示：

提示同样改变子对象的层

13. 把怪物们放置到新的层不仅可以控制物理交互，也可以优化碰撞测试。记住，`Physics.Raycast`方法使用了一个层掩码参数。现在怪物在名为 **Monster** 的层，可以只对 **Monster** 层优化射线碰撞测试。

14. 选择菜单命令 **Edit | Project Settings | Physics**，这会在 **PhysicsManager** 窗口打开 **PhysicsManager** 面板。

15. 在 **Layer Collison Matrix** 中取消选中 **Monster-Player** 和 **Monster-Monster** 复选框。

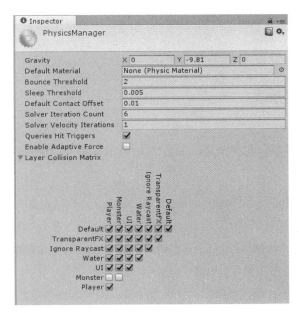

在 PhysicsManager 中编辑层碰撞检测矩阵（Layer Collision Matrix）

16. 通过编辑 **Layer Collision Matrix** 实现了不让怪物与玩家或者其他怪物发生碰撞，避免了潜在的问题。

17. 单击 Play 按钮再次在编辑器中运行游戏。果然，玩家不再弄翻怪物，世界再次恢复正常。

所以，现在怪物有了碰撞体，这意味着触摸射线应该能够与它们碰撞。按照以下说明配置触摸选择功能，并通过触摸操作测试选择怪物：

1. 在 **Hierarchy** 窗口选择 Monster 对象。在 **Inspector** 窗口中单击 **Prefab** 设置的 **Apply** 按钮，确保所有的修改已经保存。
2. 在 **Hierarchy** 窗口中选中 **Monster** 后按 Delete 键，把 **Monster** 预设从场景中删除。
3. 保存 **Map** 场景，然后在 **Project** 窗口的 Assets 文件夹中打开 **Game** 场景。
4. 在 **Hierarchy** 窗口中选择 _GameManager。在 **Inspector** 窗口中，确认 **Monster Layer Name** 设置为 Monster。
5. 在编辑器中单击 Play 按钮运行游戏。单击怪物，应该能在 **Console** 窗口看到命中怪物的信息。
6. 生成并部署游戏到移动设备。游戏在设备运行时确保连接 CUDLR 控制台窗口。单击怪物，注意 CUDLR 控制台输出的日志信息。

玩家现在可以通过单击它们来开始捕捉一个怪物。通常来说，需要控制一个玩家捕捉怪物的距离。现在先假设任何可以看到的怪物都能被捕获。这样更方便测试游戏，特别是在 GPS 模拟模式。以后，当我们开始在地图上添加其他对象和地点时，将设置一个交互距离。

构建 AR 捕捉场景

基础已经建立，我们终于来到这一步：创造玩家勇敢捕捉怪物的动作场景。而且，这将是把 AR 引入游戏的开始。为了实现这些，在本章结束前有很多工作要做，马上开始吧。首先创建一个新的 **Catch** 场景：

1. 选择菜单命令 **File | New Scene** 创建一个新的场景。然后在菜单中选择 **File | Save Scene As…**。在 **Save scene** 对话框中，输入名字 Catch，然后单击 **Save** 按钮。
2. 在菜单中选择 **GameObject | Create Empty**。然后把新对象重命名为 CatchScene，并且在 **Inspector** 窗口中重置坐标变换为零。
3. 在 **Hierarchy** 窗口中，拖动 Main Camera 和 Directional Light 对象到 CatchScene 对象，作为其子对象。
4. 在菜单中选择 **GameObject | UI | Raw Image**。这会创建一个 Canvas 对象和其子对象 Raw Image。在 **Inspector** 窗口选择 RawImage 对象重命名为 Camera_Backdrop。
5. 保持 Camera_Backdrop 选中在 **Inspector** 窗口，设置 **Anchor Presets** 为 **stretch-stretch**。具体操作是单击锚点图标显示菜单，然后按住设置中心点（set pivot）和设置位置（set

position）的按键，选择右下角，如下图所示：

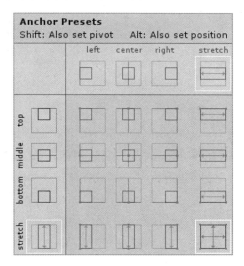

设置在 UI 元素的预设停靠

6. 在 **Hierarchy** 窗口中，拖动`Canvas`对象放置到`CatchScene`对象上。

7. 选择`Canvas`对象，在 **Inspector** 窗口中找到 **Canvas** 组件。将 **Render Mode** 变更为 **Screen Space – Camera**。然后从 **Hierarchy** 窗口拖动 **Main Camera** 对象，放置到 **Canvas** 组件的 **Render Camera** 空位中，正确设置请参考下面的截图：

Canvas 组件设置为 Screen Space – Camera

 渲染模式 Screen Space – Overlay 与 Screen Space – Camera 的区别在于渲染平面的位置。在 Overlay 模式中，所有 UI 元素绘制在场景中其他所有对象的前面。相反在 Camera 模式中，UI 平面创建在离摄像机固定的距离，这样世界中的对象可以绘制在 UI 元素的前面。

8. 保持`Canvas`对象仍然选中，在 **Inspector** 窗口中将 **Canvas Scaler** 组件的 **UI Scale Mode** 改变为 **Scale with Screen Size**，如下图所示：

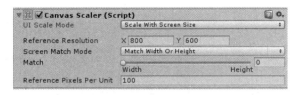

Canvas Scaler 组件设置

 Canvas Scaler 的 Scale with Screen Size 设置使得在屏幕分辨率改变时强制摄像机保持纵横比。这对我们来说很重要，因为我们不希望图像（将是设备相机图像）改变纵横比或者扭曲。

9. 选择并删除 `EventSystem` 对象。在这里不需要它，即使以后需要，Unity 也会创建一个。最后，保存场景。

现在完成了基本的 Catch 场景，该是向 AR 世界前进的时候了。

使用相机作为场景背景

请注意，在创建 Catch 场景时，我们已经建立了一个可以充当场景背景的 UI 元素。设置的 `Camera_Backdrop` 对象将显示设备的相机作为纹理。按照这些说明添加脚本并将相机视图作为场景背景：

1. 从菜单中选择 **Assets | Import Package | Custom Package…**。
2. 当 **Import package…** 对话框打开时，定位到本书下载的源代码 `Chapter_5_Assets` 文件夹，选择 `Chapter5_import2.unitypackage` 并单击 **Open** 按钮导入资源包。

 这个包是 FoodyGo 资源的完整导入，并不是所有的脚本都可能需要更新。但是，如果你对某些脚本进行了自己的修改，则会覆盖你的更改。如果想要保留更改，请将文件备份到新位置，或者仅对要保留的文件进行资源导出。

3. **Unity Import Package** 对话框加载后，请检查将导入的文件。将有一些新的文件和一些更改的文件。只需确保所有导入均正常，然后单击 **Import** 按钮。
4. 在 **Hierarchy** 窗口中选择 `Camera_Backdrop` 对象。在 **Inspector** 窗口中，单击窗口底部的 **Add Component** 按钮。在菜单中选择 **Aspect Ratio Fitter** 组件（译者注：如果无法找到这个组件，请在搜索框中搜索）。

5. 在 **Aspect Ratio Fitter** 组件中，将 **Aspect Mode** 更改为 **Height Controls Width**。

6. 再次单击 **Add Component** 按钮，从菜单中选择 **Camera Texture On Raw Image** 组件。不需要设置这个组件的任何区域，下面的截图显示了新组件的正确设置：

Camera_Backdrop 组件设置

7. 选择菜单命令 **File | Save Scene** 保存场景。

8. 从菜单中选择 **File | Build Settings** 打开 **Build Settings** 对话框。单击对话框中的 **Add Open Scenes** 按钮添加 **Catch** 场景。

9. 在生成窗口中取消勾选 **Game**、**Map** 和 **Splash** 场景，勾选 **Catch** 场景，如下图所示：

生成设置中仅勾选 Catch 场景

10. 确保移动设备通过 **USB** 与开发计算机连接，然后单击 **Build And Run** 按钮。游戏生成并部署到移动设备后，能看到背景来源于设备相机。旋转设备改变方向，注意到背景可能会收缩，将在下一节中解决这个问题（译者注：某些环境下，Player Setting 中的 Camera Usage Descrption 不能为空）。

如你所见，我们正在为玩家提供游戏中的 AR 体验的道路上前进。使用设备相机提供场景背景，玩家将感觉到游戏对象和他处在同一个区域。在CameraTextureOnRawImage脚本中完成了添加相机背景的所有工作。请按照下面的引导查看脚本：

1. 在 **Inspector** 窗口中单击 **Camera Texture On Raw Image** 组件旁边的齿轮图标，选择下拉菜单中的 **Edit Script**，在选中的编辑器中打开脚本。着重查看Awake方法的代码：

   ```
   void Awake()
   {
     webcamTexture = new WebCamTexture(Screen.width, Screen.height
         );
     rawImage = GetComponent<RawImage>();
     aspectFitter = GetComponent<AspectRatioFitter>();
     
     rawImage.texture = webcamTexture;
     rawImage.material.mainTexture = webcamTexture;
     webcamTexture.Play();
   }
   ```

2. 每当一个对象激活后会调用Awake方法，通常就在调用Start方法之后。这在以后交换场景时很重要，除此之外，这里的代码相当简单，只是初始化主要元素。WebCamTexture是 Unity 对网络摄像头和设备相机的封装。webcamTexture初始化后被应用到一个贴图纹理rawImage。rawImage是场景中的 UI 背景元素。然后，通过调用Play方法打开相机。

3. 在这里就不详细讨论Update方法更多的细节，为了正确显示，那些代码处理了一些对于设备方向的操作。这里得到的重要经验是需要操作相机纹理，才能使其正确对应场景背景的方向。除此之外，还要记得，当设备旋转到横屏方向时，还存在一个问题。

4. 为了解决横屏方向的问题，我们将只是忽略或阻止该选项。对各种不同类型和设置的设备修正方向超出了本书的范围。但是毕竟横屏方向不太适合 **Catch** 场景，所以从现在开始，将强制游戏使用竖屏方向。

5. 回到 Unity 编辑器，从菜单中选择 **Edit | Project Settings | Player**。然后选择顶部的 **Resolution and Presentation** 标签。在标签页内找到 **Default Orientation** 下拉框，从默认设置更改为 **Portrait**。

现在场景还很无聊，只有相机作为背景在运行，所以添加怪物来使事情变得有趣：

1. 从菜单中选择 GameObject | 3D | Plane。这会在场景中添加一个新的平面。在 Inspector 窗口中，重置坐标变换为零，设置 X 和 Z 缩放为 1000。通过取消勾选使 Mesh Renderer 组件失效，这将使平面变得不可见。
2. 拖动Plane对象到CatchScene对象上成为其子对象。
3. 从 Project 窗口的Assets/FoodyGo/Prefabs文件夹，拖动Monster预设到 Hierarchy 窗口放置在CatchScene对象。
4. 在 Inspector 窗口中，把对象重命名为CatchMonster，然后设置 Transform、Rigidbody 和 Capsule Collider 组件的属性，取值参考下面截图显示：

Inspector 窗口中 CatchMonster 设置

5. 拖动CatchMonster到Assets/FoodyGo/Prefabs文件夹来创建一个新的预设。
6. 生成并部署游戏到移动设备，并观察怪物，现在如同出现在你周围的秘密窗口一样在游戏窗口中显示。

有些著名的真实世界冒险游戏为了对 AR 体验加入额外的现实要素，使用陀螺仪控制的摄像机。陀螺仪控制的摄像机将随着玩家改变设备的方位而改变虚拟对象的透视。避免在游戏中这样做的原因如下：

使用相机作为场景背景

- 由于设备的操作系统和方向参照的差异，陀螺仪摄像机编码很难。即使在 Android 上，设备制造商之间也可能有巨大的差异。
- 陀螺仪相机经常有或多或少的漂移问题，需要不断地校正。
- 启用陀螺仪会给 AR 体验增加困难。在许多其他真实世界游戏中，玩家可以选择禁用 AR，而且由于困难的增加，他们经常这样做。对我们而言，我们希望玩家享受 AR 体验，这也是不使用陀螺仪相机的一个原因。

在第 9 章"完成游戏"中，将讨论其他选项以及解决方案，以增强为用户提供的 AR 体验。现在，这个简单的作为 AR 体验的相机背景符合我们的需要。

添加捕捉球

在游戏中，玩家将使用冰球来捕捉怪物。玩家必须用冰球击中怪物，使其变得更冷、更慢，直至最后冰冻在原地。在它们被急速冰冻后，像冰冻的晚餐，可以很容易被抓住。

添加的球是冰制成的。因为当前没有任何冰的材质作为球的纹理，首先需要加载一些资源。将要加载的是本章后面所需的粒子效果资源。恰好其中一个粒子效果有漂亮的冰的纹理，可以用在我们的球上。按照下面说明导入粒子效果资源：

1. 从菜单中选择 **Assets | Import Package | ParticleSystems**。弹出 **Import Unity Package** 对话框后，单击 **Import** 按钮。这将从 Unity 安装标准粒子系统资源。

    Unity 粒子系统被称为 Shuriken，而且是许多粒子效果的基础。

2. 选择菜单命令 **Window | Asset Store**，打开 **Asset Store** 窗口。
3. 窗口打开并且 **Asset Store** 页面加载后，在搜索框中输入 elementals，然后按 Enter 键。
4. 在列表中找到 **Elementals Particle Systems from G.E. TeamDev** 资源并选中。Elementals 是很好的免费资源，在大多数移动设备上都运行良好。
5. 单击资源页面的 **Download** 按钮，下载和导入资源。
6. 提示对话框 **Import Unity Package** 打开后，单击 **Import** 按钮安装资源。

现在已经导入了粒子系统资源，可以开始添加捕捉球了：

1. 从菜单中选择 **GameObject | 3D | Sphere** 添加一个 `Sphere` 对象到 **Hierarchy** 窗口。选中新对象，在 **Inspector** 窗口中将其重命名为 `CatchBall`，并且按照下面的截屏设置变换位置和缩放。

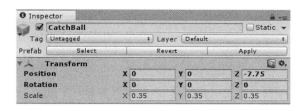

CatchBall 的坐标变换设置

2. 展开 **Mesh Renderer** 组件的 **Materials** 列表，选择 **Default-Material** 旁边的靶心图标。从 **Select Material** 对话框中选择 **Ice_01** 材质（指向 `Assets/Elementals/Media/Mobile/Materials/Ice_01.mat`），如下图所示：

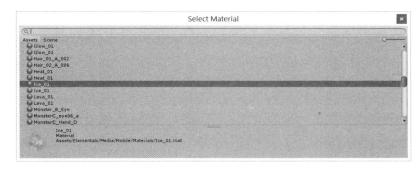

选择 Ice_01 的移动端纹理

3. 保持 **Inspector** 窗口打开，单击 **Add Component** 按钮，在列表中选择 **Rigidbody** 或者在搜索区输入查找。
4. 在球添加了 **Rigidbody** 组件后，取消勾选 **Use Gravity**，将在脚本中控制球的重力。
5. 从 **Hierarchy** 窗口拖动 `CatchBall` 并放置到 **Project** 窗口的 `Assets/FoodyGo/Prefabs` 文件夹。这将创建一个新的 `CatchBall` 预设。
6. 再次从 **Hierarchy** 窗口拖动 `CatchBall` 放置到 `CatchScene` 上，将其添加到场景对象。

投掷球

现在行走中的怪物前面有了一个好看的冰球，接着通过下面的步骤添加对象和脚本使球动起来：

1. 从 **Project** 窗口的 `Assets/Standard Assets/CrossPlatformInput/Prefabs` 文件夹拖动预设 `DualTouchControls` 到 **Hierarchy** 窗口。
2. 在 **Inspector** 窗口中将 `DualTouchControls` 对象重命名为 `Catch_UI`。

3. 展开新的Catch_UI对象，删除TurnAndLookTouchpad和Jump对象。当提示破坏预设时，单击 **Continue** 按钮。
4. 展开MoveTouchpad对象并且选中Text对象，按 Delete 键删除。
5. 选择MoveTouchpad对象，在 **Inspector** 窗口中把它重命名为ThrowTouchpad。
6. 打开 **Rect Transform** 组件中的 **Anchor Presets**，然后按住设置中心点（set pivot）和设置位置（set position）的按键，选择 stretch-stretch 选项。这样就把覆盖图层填满了整个屏幕，就像我们对自由视角摄像机所做的一样。
7. 选择 **Image** 组件的 **Color** 区域，打开颜色对话框，设置颜色为 **十六进制（Hex）** 的#FFFFFF00。
8. 单击 **Inspector** 窗口底部的 **Add Component** 按钮。从下拉列表中选择 **Throw Touch Pad**，或者在搜索框输入查找。
9. 选择 **Touchpad** 组件旁边的齿轮图标，然后在下拉菜单中选择 **Remove Component**。
10. 从 **Hierarchy** 窗口拖动CatchBall对象，放置到 **Throw Touch Pad** 组件中空的 **Throw Object** 区域，如下面的截屏所示：

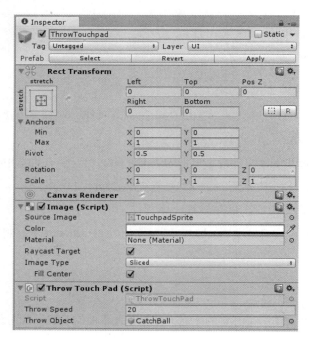

ThrowTouchpad 对象配置

11. 拖动Catch_UI对象到CatchScene对象上，使其成为子对象。

12. 在编辑器中单击 Play 按钮运行游戏。现在可以在球上单击，拖动开始投掷动作，松开鼠标把球释放出去。
13. 生成并部署游戏到移动设备。用手指投掷球，看能否很好地击中怪物。

 如果发现很难投掷，试着调节 Throw Touch Pad 组件中的 Throw Speed 设置。

投掷球的所有工作都由ThrowTouchPad脚本完成，ThrowTouchPad脚本在Touchpad脚本基础上进行了大量修改。来看看代码的关键部分：

1. 在选择的编辑器中打开ThrowTouchPad脚本。现在你一定知道如何做这步。
2. 向下滚动到Start方法查看脚本所做的初始化。大部分初始化代码在if语句内，这个if语句检查throwObject是否为空。变量的进一步初始化在往下的ResetTarget()调用中。下面是查看的代码：

```
if (throwObject != null)
{
    startPosition = throwObject.transform.position;
    startRotation = throwObject.transform.rotation;
    throwObject.SetActive(false);
    ResetTarget();
}
```

3. 向下滚动到OnPointerDown方法，该方法的代码如下所示：

```
public void OnPointerDown(PointerEventData data)
{
    Ray ray = Camera.main.ScreenPointToRay(data.position);
    RaycastHit hit;

    if (Physics.Raycast(ray, out hit, 100f))
    {
        //检查目标对象是否命中
        if (hit.transform == target.transform)
        {
            //命中，开始拖动对象
            m_Dragging = true;
```

```
            m_Id = data.pointerId;

            screenPosition = Camera.main.WorldToScreenPoint (
                target.transform.position);
            offset = target.transform.position - Camera.main.
                ScreenToWorldPoint(new Vector3(data.position.x,
                data.position.y, screenPosition.z));
        }
    }
}
```

4. 这段代码与以前用来选择需要捕捉的怪物的代码非常相似。可以看到，调用了同样的 Physics.RayCast 方法（没有使用层掩码参数）。如果指针（或触摸）命中了某个对象，检查是否恰好是 CatchBall 这个目标对象。如果命中了目标，那么设置为 true，得到触摸对象的屏幕位置以及指针或触摸偏移。

5. 接下来，如果向下滚动少许到 Update 方法，将看到一条 if 语句，通过检查 m_Dragging 来判断球是否正被拖动。如果是，那么获取当前指针（或触摸）位置的快照，并调用 OnDragging 方法：

```
void OnDragging(Vector3 touchPos)
{
    //追踪鼠标位置
    Vector3 currentScreenSpace = new Vector3(Input.
        mousePosition.x, Input.mousePosition.y, screenPosition.z
        );

    //把屏幕位置转换为世界坐标位置，并加上改变的偏移。
    Vector3 currentPosition = Camera.main.ScreenToWorldPoint(
        currentScreenSpace) + offset;

    //更新目标游戏对象的当前位置
    target.transform.position = currentPosition;
}
```

6. OnDragging 方法只是根据指针（或触摸）的位置在屏幕上移动目标对象（球）。

7. 接着，向下滚动到OnPointerUp方法。OnPointerUp方法在鼠标按键释放或者触摸解除时被调用。方法内部的代码非常简单：再次检查m_Dragging是否为true，如果不是则直接返回。如果对象正在被拖动，那么这时候调用ThrowObject方法，下面显示了此方法的代码：

```
void ThrowObject(Vector2 pos)
{
    rb.useGravity = true; //启用重力

    float y = (pos.y - lastPos.y) / Screen.height * 100;
    speed = throwSpeed * y;

    float x = (pos.x / Screen.width) - (lastPos.x / Screen.width);

    x = Mathf.Abs(pos.x - lastPos.x) / Screen.width * 100 * x;

    Vector3 direction = new Vector3(x, 0f, 1f);
    direction = Camera.main.transform.TransformDirection(direction);

    rb.AddForce((direction * speed * 2f ) + (Vector3.up * speed /2f));

    thrown = true;

    var ca = target.GetComponent<CollisionAction>();
    if(ca != null)
    {
        ca.disarmmed = false;
    }

    Invoke("ResetTarget", 5);
}
```

8. 在ThrowObject方法中计算发射位置，判定对象被扔出时所用的力量。x,y的计算确定了对象被释放前在屏幕上的移动速度，通过计算已知最近的指针位置与释放时的位置之差确定。释放时的x值或位置决定了投掷的左右方向，而y或向上移动值决定了投掷的速度。这些值求和得到力向量，然后通过调用rb.AddForce()应用到刚体。rb是在初始化阶段在ResetTarget方法中设置的目标刚体。在这个方法的末端是对于CollisionAction组件的GetComponent调用，在这里不用担心，稍后介绍。最后，我们使用Invoke方法再次调用ResetTarget，在调用前将等待5秒钟。

Rigidbody.AddForce是开发任何使用物理系统的游戏时需要掌握的一个重要方法之一。可以在下面网址找到更多很好的物理资源：https://unity3d.com/learn/tutorials/topics/physics。

检查碰撞

到目前为止，玩家可以将球扔向怪物，然而几乎没有什么反应。如果在测试时试着用球击中了怪物，只能看到球被弹开，这显然不是我们想要的结果。我们现在需要的是有办法检测球是否击中了怪物或者平面。幸运的是，Unity 物理引擎在对象与另一个对象碰撞时有一些方法可以做出决定。下面是标准选项：

- OnCollisionEnter: 对象有一个碰撞体，用来与其他有碰撞体的对象发生联系。对象之间会建立联系，然后根据碰撞的力量大小以及双方是否附加了刚体，再将对方推开。正如我们看到的，一个对象为了碰撞不需要刚体，但是碰撞体是必需的。
- OnTriggerEnter: 这在对象有碰撞体但是碰撞体设置为触发器时发生。设为触发器的碰撞体会检测碰撞，但是将允许对象穿过它。这在检测对象进入诸如门、入口或其他你想要检测的区域时会很有用。

如猜测的那样，我们将使用OnCollisionEnter来确定对象碰撞行为。然而，我们不打算为每个需要检测碰撞的对象编写一个脚本，取而代之的是将实现一个碰撞事件系统。为每个对象编写碰撞脚本的问题是，在不同对象的不同脚本中会有许多重复代码。每个脚本通常只管理自己的碰撞，根据不同的碰撞对象有不同的规则。请看下图显示了这是如何运作的：

如图所示，**Monster** 和 **Plane** 对象都需要一些相同的代码来处理与球碰撞。另外，球对象需要对命中 **Monster** 或 **Plane** 做出不同的反应。如果我们在场景中添加更多的对象，需要扩展该脚本来解决每个对象的碰撞。我们想要一种通用的而且可扩充的方法，来进行碰撞并且对碰撞做出反应。

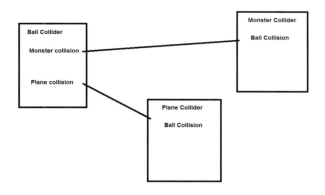

硬编码的冲突脚本示例

为了管理场景中的碰撞，不用编写 3 个定制脚本，而是使用两个脚本，一个用于碰撞行为，另一个用于对象的反应。脚本有合适的命名：**CollisionAction** 和 **CollisionReaction**，下面修正过的图显示了它们附加到场景对象的结构：

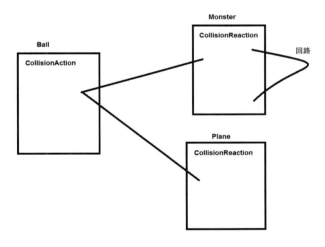

场景中使用的 CollisionAction 和 CollisionReaction 脚本

在仔细观察脚本代码之前，先添加碰撞脚本到场景中。按照以下说明将脚本添加到对象中：

1. 回到 Unity，在 **Project** 窗口中打开 Assets/FoodyGo/Scripts/PhysicsExt 文件夹。你将看到文件夹中的 CollisionAction 和 CollisionReaction 脚本。
2. 拖动 CollisionAction 脚本放置到 **Hierarchy** 窗口的 CatchBall 对象。如果没有看到 CatchBall 对象，只需要展开 CatchScene 对象即可。

3. 拖动CollisionReaction脚本放置到 **Hierarchy** 窗口的CatchMonster和Plane对象。
4. 在 **Hierarchy** 窗口中选择Plane对象。
5. 在 **Inspector** 窗口中，按照下面的截图更改 **Collision Reaction** 组件：

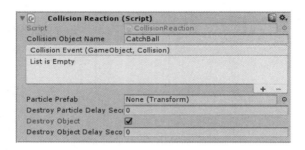

Collision Reaction 组件设置

6. 请注意设置想要这个组件做出反应的对象名字（CatchBall）。通过勾选 **Destroy Object**，确保当球命中Plane时将被销毁。先不用担心粒子设置，我们很快就提到。
7. 在 **Hierarchy** 窗口中选择CatchMonster对象并且重复步骤5。
8. 单击 Play 按钮，在编辑器中运行游戏。通过向怪物和平面投掷球来测试碰撞脚本。现在当球命中怪物或者平面后会立即销毁。

如你所见，设置这些冲突脚本相当简单。可能在你的预期里这些脚本相当复杂，但幸运的是它们很简单。在选择的编辑器中打开脚本，查看这些脚本：

- CollisionAction: 这个脚本附加在想要与其他对象碰撞的对象上，例如球或者子弹等。脚本检测到碰撞后，通知带有CollisionReaction组件的对象碰撞发生了。来看一下OnCollisionEnter方法：

```
void OnCollisionEnter(Collision collision)
{
    if (disarmed == false)
    {
        reactions = collision.gameObject.GetComponents<
            CollisionReaction>();
        if(reactions != null && reactions.Length>0)
        {
            foreach (var reaction in reactions)
```

```
            {
                if (gameObject.name.StartsWith(reaction.
                    collisionObjectName))
                {
                    reaction.OnCollisionReaction(gameObject,
                        collision);
                }
            }
        }
    }
}
```

> 这个方法实际上并不管理碰撞，而是通知与其碰撞的另一个对象的CollisionReaction组件。首先确认对象已经脱手（disarmed），对象在手（armed）是玩家拿着和正在投掷。接下来获取碰撞对象可能有的所有CollisionReaction组件。一个对象可能附加有多个CollisionReaction组件，对每个对象做出不同的反应。在这之后，循环遍历所有的碰撞反应，通过检测collisionObjectName来确认对象想要处理碰撞。如果需要，则调用OnCollisionReaction方法。

 使用游戏对象的名字来过滤对象的碰撞。更好的实现方式是使用标签（Tag）。这取决于读者自己是否足够勤奋想要改变。

- CollisionReaction: 这个脚本处理了当一个对象与之发生碰撞时的各种细节，代码非常直接：

```
public void OnCollisionReaction(GameObject go, Collision
    collision)
{
    ContactPoint contact = collision.contacts[0];
    Quaternion rot = Quaternion.FromToRotation(Vector3.up,
        contact.normal);
    Vector3 pos = contact.point;

    if (particlePrefab != null)
```

```
    {
        var particle = (Transform)Instantiate(particlePrefab,
            pos, rot);
        Destroy(particle.gameObject,
            destroyParticleDelaySeconds);
    }

    if (destroyObject)
    {
        Destroy(go, destroyObjectDelaySeconds);
    }

    collisionEvent.Invoke(gameObject, collision);
}
```

 这是CollisionReaction脚本的简单实现,但它可以被扩展或继承,以便应用其他扩展效果,如贴花效果(decals)、损坏效果等。

第一部分代码判定碰撞点和碰撞方向。然后,代码检查particlePrefab是否设置。如果设置了,则在碰撞点实例化这个预设。然后调用Destroy方法并带有在属性中设定的延迟。接下来,代码检查碰撞对象是否应该被销毁。如果需要,在设置中定义的延迟后销毁对象。最后调用了一个Unity事件collisionEvent,碰撞被传递给这个事件的所有监听者。这样可以使其他自定义脚本订阅此事件并根据需要另外处理该冲突。以后将用这个事件来处理怪兽的冰冻效果。

- CollisionEvent:在CollisionReaction脚本的末端,另外有一个空的类定义:CollisionEvent : UnityEvent<GameObject, Collision>。这是一个自定义Unity事件的定义,用来通知其他脚本或组件碰撞发生了。Unity事件类似于C#事件或是之前用过的委托模式,但是性能上更慢一些。Unity事件可以轻松地在编辑器中的组件之间进行连接,而不是在脚本中进行硬编码,这对于通用化的脚本至关重要。

粒子效果反馈

粒子效果在游戏中就像黄油对于法国厨师：必不可少。粒子效果不仅提供在游戏中看到的华丽和特殊的效果，而且还经常被巧妙地用作玩家活动的提示。对于我们来说，将使用粒子效果带来的活力来增强场景，并提供一些视觉线索。在本章中我们没有时间介绍粒子效果的背景知识，但会在第 8 章 "与 AR 世界交互" 中涉及。现在，添加一些粒子效果到场景中：

1. 回到 Unity 编辑器，在窗口中打开 `Assets/Elementals/Prefabs(Mobile)/Light` 文件夹。

    > Elementals 资源真的做得很好，甚至可以尝试不使用移动版本，而是使用 `Assets/Elementals/Prefabs` 文件夹中的预设。

2. 在 **Hierarchy** 窗口中选择 `Plane` 对象，如果没有找到 `Plane` 对象，记得展开 `CatchScene` 对象。

3. 从 **Project** 窗口拖动预设 `Holy Blast` 到 **Inspector** 窗口 **Collision Reaction** 组件的 **Particle Prefab** 区域。更改 **Destroy Particle Delay Seconds** 区域的值为 5，如下图所示：

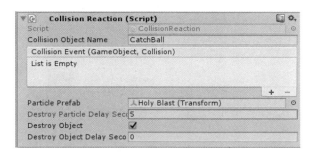

添加 Holy Blast 粒子预设到 Collision Reaction

4. 在 **Hierarchy** 窗口选择 `CatchMonster`，完全一样地重复步骤 3。

5. 在编辑器窗口中单击 Play 按钮，运行游戏进行测试，现在肯定更好看了。同样生成并部署游戏到移动设备进行测试。

6. 在 **Collision Reaction** 组件中随意尝试和测试其他粒子效果预设，看看有什么有趣的效果可用。还可以试验 `Assets/Standard Assets/ParticleSystems/Prefabs` 文件夹中的 Unity 标准资源的粒子系统。

捕获怪物

现在已经到达场景的高潮部分：捕获怪物。怪物能够被冰球击中，球在撞击时爆炸，但是怪物没有任何反应。记住，玩家向怪物投掷冰球是为了冰冻它们。接下来将会添加一个脚本来减缓被冰球击中的怪物，当怪物被击中足够多的次数时就会冻结。按照以下说明添加和查看脚本：

1. 从菜单中选择 **GameObject | UI | Canvas**。这将在场景中添加一个新的 Canvas 和 Event-System 对象。删除 EventSystem 对象，把 Canvas 重命名为 CanvasCaught_UI 并设置为 CatchScene 对象的子对象。
2. 在 **Hierarchy** 窗口中选中 Caught_UI 对象，从菜单中选择 **GameObject | UI | Text**。把新的 **Text** 对象重命名为 Frozen。参照下面的截屏，在 **Inspector** 窗口设置 **Rect Transform** 和 **Text** 组件的参数：

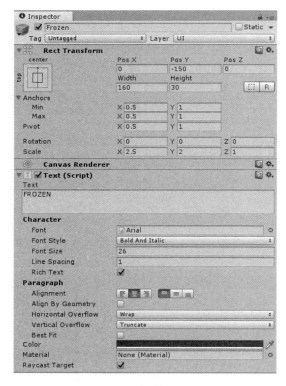

Frozen 组件设置

3. 在 **Hierarchy** 窗口中选择 Caught_UI 对象。通过在 **Inspector** 窗口取消勾选对象名字旁边的复选框，使对象失效。**Game** 窗口中的"FROZEN"文本将消失。

4. 在 **Hierarchy** 窗口中选择CatchScene对象。然后从 **Project** 窗口的Assets/FoodyGo/Scripts/Controllers文件夹，拖动CatchSceneController脚本并放置到Catch-Scene 对象。

5. 从Assets/Elementals/Prefabs(Mobile)/Ice文件夹，拖动Snowstorm粒子预设，放置在 **Inspector** 窗口 **Catch Scene Controller** 组件的 **Frozen Particle Prefab** 槽位。

6. 在 **Catch Scene Controller** 组件中，通过在 **Size** 区域输入 1 展开 **Frozen Enable/Disable List** 区域。然后，从 **Hierarchy** 窗口拖动Catch_UI对象到 **Frozen Disable List**，拖动Caught_UI对象到 **Frozen Enable List**：

Catch Scene Controller 设置

7. 在 **Hierarchy**窗口中选中CatchMonster。从Assets/FoodyGo/Scripts/Controllers文件夹拖动MonsterController脚本，放置到 **Hierarchy** 窗口的CatchMonster对象或者 **Inspector** 窗口。这里没有什么需要配置，添加脚本即可（译者注：据译者试验，需要把新加的组件中的 Animation Speed 设为 1。否则默认值是 0，怪物从一开始就是静止的）。

8. 保持CatchMonster在 **Inspector** 窗口中仍然处于选中状态，找到 **Collision Reaction** 组件，应该在刚添加的脚本上面。单击 **Collision Event** 区域下面的 + 按钮添加一个新的事件监听者。从 **Hierarchy** 窗口拖动CatchScene对象到新事件的 **None (object)** 槽位。然后单击 **No Function** 打开下拉菜单，选择 **Catch Scene Controller | OnMonsterHit**。

9. 我们刚才连接了Collision Event | OnMonsterHit事件处理，却没有编写任何代码。这使开发的代码更有扩展性也更强大。现在，如果需要改变游戏规则或行为，只需要修改CatchSceneController脚本。

10. 从编辑器中单击 Play 按钮运行游戏。现在注意到，当每个球击中怪物时，它都会变慢。最终，当怪物被足够多的球击中后就会冻结，文字 FROZEN 将会出现，而 Snowstorm 粒子会提供寒冷的气氛。**Game** 窗口将如下图所示：

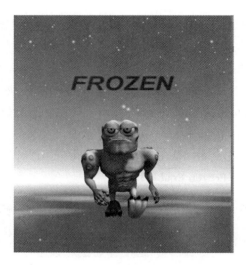

一个新鲜冻结的怪物

 这个 3D 角色是用 Reallusion iClone Character Creator 设计的。如果需要进一步定制角色，详细信息请访问http://www.reallusion.com/iclone/character-creator/default.html。

11. 像往常一样，不要忘记在移动设备上测试，只是为了确保所有都一样地正常运行。

太棒了，终于捕获了怪物。在结束这漫长的旅程之前，让我们来回顾一下把这一切整合在一起的最后一段代码，即CatchSceneController。在选择的编辑器中打开脚本，找到OnMonsterHit方法，如下所示：

```
public void OnMonsterHit(GameObject go,   Collision collision)
{
    monster = go.GetComponent<MonsterController>();
    if (monster != null)
    {
        print("Monster hit");
        var animSpeedReduction = Mathf.Sqrt(collision.
            relativeVelocity.magnitude) / 10;
        monster.animationSpeed =  Mathf.Clamp01(monster.
            animationSpeed - animSpeedReduction);
        if (monster.animationSpeed == 0)
```

```
            {
                print("Monster FROZEN");
                Instantiate(frozenParticlePrefab);

                foreach(var g in frozenDisableList)
                {
                    g.SetActive(false);
                }
                foreach(var g in frozenEnableList)
                {
                    g.SetActive(true);
                }
            }
        }
    }
```

脚本相对比较简单，应该很容易看懂，但我们还是想要确定一下重点：

- 该方法首先从遭受碰撞的游戏对象获取一个MonsterController。如果对象没有MonsterController，那么它不是一个怪物，脚本退出即可。
- 在一些记录日志的代码之后，方法随后计算一个破坏因子(0-1)，并将其应用于怪物的动画速度。我们不会在这里查看MonsterController，因为它目前所做的只是控制怪物的动画速度。动画速度被限制在0到1之间的值。
- 最后，如果怪物的动画速度是0，怪物被冻结。实例化frozenParticlePrefab，然后遍历禁用（disable）／启用（enable）列表，对应地激活（activate）／停用（deactivate）列表中的对象。

这样，本章的所有材料都被包装在了一起。如果你担心我们留下了一些悬而未决的事情，不用担心，在下一章将继续完成Catch场景，增加保存玩家捕获怪物的能力。

总结

这是特别长的一章，但是涵盖了很多材料，并在游戏中完成了一个迷你游戏。首先，讨论了场景管理，包括场景的加载和相互转换。为了协调游戏活动，引入了游戏管理器。然后，在玩家尝试捕捉怪物的内容部分，涉及了触控输入、物理和碰撞体。这对于我们创造一个新的AR

Catch 场景很有帮助。作为 AR 集成的一部分，花了一些时间了解如何将设备相机集成到场景背景中。随后将冰球添加到场景，还涉及了如何使用触控输入和物理系统来投掷球。之后，我们花了一些时间讨论碰撞体和如何编写碰撞反应的脚本。接着，添加碰撞反应触发的粒子效果，给场景增加华彩乐章。最后，我们添加了捕捉场景控制器脚本，用于管理被击中的怪物的反应。而且，通过这个脚本，使怪物在被击中足够多次数时冻结。

在下一章中，我们将从 Catch 场景中断的地方继续。我们不想离开场景时无法保存玩家的猎物。保存玩家的猎物和其他物品对于移动游戏是必不可少的。因此，下一章将集中在创建一个玩家数据库，用于追踪玩家的库存，以及为了管理库存所需的一些新的 UI 元素。

第 6 章

保存猎物

在上一章中,我们开发了 **Catch** 场景让玩家可以抓住怪物。但是,玩家只能抓住怪物而已,他们完全没有地方可以保存抓到的怪物。在这一章里,我们会搭建一个玩家库存 (Inventory) 系统,从而允许玩家保存抓获的怪物以及别的物件。接下来顺其自然,花点时间搭建 UI(用户界面)来访问这个系统,读取里面保存的怪物以及别的物件。

本章大部分时间我们都要开发玩家用来保存怪物和物件的库存系统。首先制作库存系统的核心:数据库;接着搭建玩家需要用来访问库存系统的 UI 元素。在这个过程中,我们会把之前创建的场景整合进来,组成游戏的第一个可运行版本。以下是本章将会覆盖的内容概览:

- 库存系统
- 保存游戏状态
- 搭建服务
- 代码审查
- 怪物的 CRUD (创建,读取,更新,删除) 操作
- 更新 Catch 场景
- 制作 Inventory(库存)场景
- 添加菜单按钮
- 合成游戏
- 移动开发中的痛

库存（Inventory）系统

如果你玩过任何的冒险类或者角色扮演游戏，一定会熟悉玩家库存系统。库存系统是这类游戏的基本元素，它对我们的游戏也同样重要。所以要花一点时间筛选系统需要的功能。下面这个列表是库存系统需要的功能：

- **持久化**：移动游戏很容易受到中断或者被强行关闭，所以库存系统需要在游戏会话之间保存状态，或者通过数据库，或者通过别的存储媒介。

  > 保存游戏状态应该是可靠的和快速执行的。为了达到这个目的，可以使用一个扁平的文件或者一个数据库。一个扁平的文件通常来说会更加容易，但是数据库更加可靠也更加容易扩展。

   也可以把扁平文件当作数据库。在讨论中，我们更加倾向使用数据库作为结构性的存储机制，并且它也具有成熟的数据结构定义和查询语言。

- **跨平台**：这里使用的数据库或者存储机制需要能够在我们希望发布的所有平台上运行。当前考虑的目标是 Android（安卓）和 iOS。

  > 考虑到这个因素扁平文件也许是明显的选择；不过接下来还可以看到别的跨平台方案。

- **能够表达关系**：不仅仅是从关系型数据库的意义上，而且从游戏对象的意义上它们也是互相关联的。例如我们也许想让怪物有自己的物件，比如一把菜刀或者一顶帽子。

  > 一个关系型数据库可以很好地满足这里的需求，但是别忘了还有别的选择，比如对象数据库或者图数据库。当然一个 XML 文件也可以表达关系，然而我们更倾向于数据库方案。理想的选择是一个关系型数据库，同时又能够当作对象数据库来用。

- **可扩展**：我们的库存系统一开始只支持一种类型的物品——怪物。不过稍后很可能想要可以轻易地支持别的物品。

  > 又一次，数据库妥妥地胜出。

- **可访问性**：库存系统需要同时被游戏内多个模块或者场景访问。

> 所以，我们可能希望这个库存系统是一个服务（service）或者是一个单件类型（Singleton）。当然可以做一个基于服务的库存系统，不过做成一个单件也挺合理的。

从以上列表所列举的功能来看，很明显我们已经计划使用一个数据库了。我们的选择是一个关系型数据库，同时它支持通过对象访问。并且我们想让这个库存系统作为一个服务，如同怪物服务一样，同时也是一个单件，就像 GameManager 类。来看看以下这张图，它展示了在游戏里面这个系统如何运作。

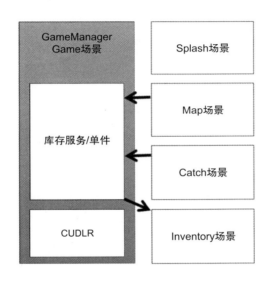

库存系统及其交互概览

如图所示，新的库存服务将会成为 Game 场景的一部分，与 **Map** 场景和 **Catch** 场景都有交互。这样，玩家就能在这两个场景里面访问库存。所有的库存系统 UI 可以封装在一个新的 Inventory 场景里面，这个新的 Inventory 场景和别的场景一样受 **Game Manager** 控制。

现在，除了数据库的类型和实现，我们差不多所有需要的用来创建新库存系统和场景的东西都准备好了。下一部分，将探讨如何去选择一个数据库并且使用它作为新服务的核心。

库存（Inventory）系统

保存游戏状态

我们的游戏现在还不保存任何状态，当然目前为止也没这个需要。玩家的位置直接从 GPS 拿到，玩家身边的怪物也是通过临时的"怪物"服务产生的。话虽这么说，我们还是希望游戏里面玩家能够追猎、捕捉、收集怪物以及别的道具。为了达到这个目的，需要以数据库的形式提供持久化存储；否则当玩家关掉游戏的时候他收集的所有东西就全没了。尤其是移动设备上运行的游戏，这种游戏特别容易被中途关掉或者意外崩溃。这就意味着我们需要一个可靠的存储方案。

如果在 Unity 资源商店里面搜索数据库，你能看到许多免费的和付费的选项。尽管如此，我们会选择一个 Github 上开源的方案，叫作 SQLite4Unity3d，可以在 `https://github.com/codecoding/SQLite4Unity3d` 访问。SQLite 是很优秀的跨平台关系型数据库，SQLite4Unity3d 是对 SQLite 的高质量的封装。事实上，Asset Store 上有很多不同版本的 SQLite 的封装。那么为什么这里选择 SQLite4Unity3d 呢？原因如下：

- **开源**：这可以是优点，也可以是缺点。这里它是优点因为它免费而且开发者还在支持它。并不是所有的开源软件都是免费而且有良好的支持的，需要小心鉴别。

     UnityList (`http://unitylist.com`) 是一个很棒的搜索引擎，专门搜索 Unity 相关的开源项目。

- **关系型数据库**：SQLite 是轻量级的关系型数据库，同时也开源而且是由开发社区驱动的。作为关系型数据库，它对我们来说是一个很好的选择。一方面，它支持数据之间的关系；另一方面，它提供了大家都认识的数据定义语言。这个用来在数据库里面查询和定义数据的语言就叫 SQL，也就是它的名字 SQLite 的由来（译注：SQL + Lite，Lite 就是小的意思）。很幸运，不用自己写 SQL，因为 SQLite4Unity3d 的封装帮我们管理那层。

     SQLite 社区的页面在 `https://sqlite.org`。

- **对象/实体数据模型**：对象或者实体数据模型，让开发者可以通过对象来管理数据库的数据，不需要通过诸如 SQL 这样的另一种编程语言。SQLite4Unity3d 封装器提供了一套卓越的代码优先（类优先，code-first, classes first）对象关系映射，也称作实体数据模型。代码优先的方式允许我们首先定义对象，然后在运行时动态地创建数据库来匹配对象定义。如果觉得这听起来很是不熟悉，别担心，我们很快就会深入具体的讲解。

     在定义数据库实体的方式里面，代码优先的反面就是表优先(Table first)。具体就是先定义数据库的表格，然后代码（类）由生成 (Build) 流程产生。对于需要严格定义数据的人来说，他们通常更喜欢表优先。

现在了解了一些背景知识，接下来就真枪实干，导入我们需要的数据库封装器之类的代码。幸运的是，数据库封装器及其相关代码都打包在同一个可导入资源里面。执行以下步骤来导入这个资源包：

1. 打开 Unity 编辑器，回到在第 5 章，在 AR 中捕捉猎物结束的地方，也就是装载好 `Catch` 场景的地方。如果你是直接跳跃到这一章的，那么就打开下载的源文件中的 `Chapter_6_Start`，装载其中的项目文件。

2. 选择菜单命令 **Assets | Import Package | Custom Package …**。

3. 当 **Import package…** 对话框打开后，控制路径选择窗口找到下载好的源代码文件夹中的 `Chapter_5_Asset`，接着选择里面的 `Chapter5_import1.unitypackage` 文件。然后单击 **Open** 按钮导入这个文件。

4. 在 **Import Unity Package** 装载结束之后，确认将要导入的是什么，然后单击 **Import** 按钮。这将会导入一些新的还有更新过的脚本文件，还有一些控制 SQLite 的整合的插件。

5. 在 **Project** 窗口中，选择文件夹 `Assets/FoodyGo/Plugins/x64`。在这个文件夹里面，选择 `sqlite3` 插件。然后在 **Inspector** 窗口里面，确认插件要被部署到哪些设备上。下面是一个以 **Android** 为例子的截屏，但是对 **iOS** 也是一样的。

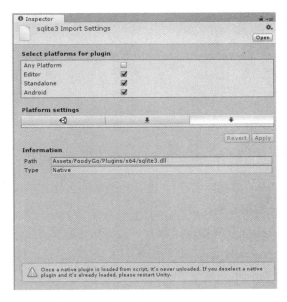

Sqlite3 导入设定（Android）

6. 如果你需要在这个界面上进行什么修改，最后单击底部 **Apply** 按钮。这样修改就会被保存和应用了。

保存游戏状态

导入这个资源包和设定这个插件都相当直截了当。下一节测试参数是不是都设置对了。

搭建服务

现在有了刚安装好的 SQLite 封装插件、SQLite 脚本以及别的刚刚导入的脚本，那么就来在 Catch 场景里面搭建一些服务来测试它们。

1. 在菜单里面选择 GameObject | Create Empty。在 Inspector 窗口里，重命名这个新的对象为 Service，重置 transform（转换）为 0。

2. 在 Hierarchy 窗口里选中这个新创建的 Service 对象，用鼠标右键单击（如果在 Mac 平台，使用 Ctrl + 单击）打开右键菜单，选择 Create Empty 命令。这就创建了一个空的子对象，从属于 Service 对象。在 Inspector 窗口里重命名这个子对象为 Inentory。

3. 重复第 2 步，但是这一次重命名新创建的子对象为 CUDLR。

4. 在 Hierarchy 窗口里，选择 Inventory 对象。在 Project 窗口里打开 Assets/FoodyGo/Scripts/Services 文件夹，把其中的 Inventory 脚本拖到 Inventory 对象上面去。

5. 点选 Inventory 对象，在 Inspector 窗口里检查 Inventory 组件（component），如下图所示。

库存服务的默认配置

6. 库存服务里面有几个关键的参数要在这里解释一下：

    - **Database Name(数据库名字)**：设置数据库的名称。应该永远都使用 .db 后缀名，这是 SQLite 数据库的标准。
    - **Database Version（数据库版本）**：设置数据库的版本。版本的格式应该是 major.minor.revision（主要版本号.次要版本号.批次号），其中每个号码都是数值。稍后再来讨论如何更新数据库。

7. 在 Hierarchy 窗口里，选择 CUDLR 对象。打开 Assets/CUDLR/Scripts 文件夹，把 Server 脚本拖到 CUDLR 对象上面。在第 2 章，映射玩家位置介绍了如何设置 CUDLR 控制台，如果跳过了那一章请参考那里。

8. 选择菜单命令 Window | Console。拖动并把 Console 窗口贴靠在 Inspector 窗口下面。

9. 按下编辑器的 **Play** 按钮，运行 **Catch** 场景。不需要操纵游戏；只需要检查 **Console** 窗口的输出。

控制台输出显示创建了一个新的数据库

10. 你的控制台输出应该和上面例图里面显示的一致（除了网络摄像头 webcam 出错那行）。正如在输出里面看到的，数据库确实是在游戏开始的时候才被创建出来的。
11. 再次按下 Play 按钮停止运行游戏。然后再次运行游戏。注意，这次 **Console** 窗口的输出内容不一样了。游戏第二次运行的时候，数据库没有被创建，因为它已经存在了。
12. 生成部署游戏到移动设备上。切记，确保生成了正确的场景。在这里，唯有 **Catch** 场景被选中生成。
13. 当游戏运行的时候，打开浏览器，输入之前连接控制台的 CUDLR 地址。如果不确定这一步怎么做，请参考第 2 章，映射玩家位置里设置 CUDLR 的部分。
14. CUDLR 输出应该看起来和刚才你在 **Console** 窗口里看到的类似：

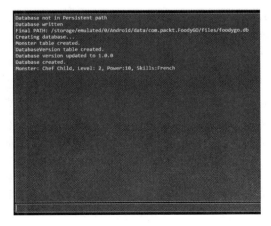

Android 设备上创建新数据库时候的 CUDLR 输出

15. 如果没有看到类似的 CUDLR 输出，请检查先前一节的 **Plugin** 设置。或者，参照第 *10* 章，疑难解答。

16. 在设备上关闭然后重新打开游戏，再次检查 CUDLR 输出。同样地，不应该看到一个新的数据库创建，因为上一次运行已经创建了。

代码审查

通过之前的设置练习和测试过程，你也看到了，导入的库存服务已经自带数据库封装器。让我们来检查导入的一些脚本文件的修改，然后深入审查一下 InventoryService 脚本。

1. 在 **Project** 窗口中双击在 Assets/FoodyGo/Scripts/Controllers 文件夹下的 CatchSceneController，默认编辑器会打开这个脚本文件。

2. 到目前为止，在 CatchSceneController 里面唯一改变的就是一个新的 Start 方法，它调用了 Inventory 服务。审查下面这个函数：

    ```
    void Start()
    {
        var monster = InventoryService.Instance.CreateMonster();
        print(monster);
    }
    ```

3. 在 Start 方法里，InventoryService 被当作单件一样通过 Instance 属性调用，紧接着调用 CreateMonster 方法创建一个 monster 对象，最后使用 print 方法把 monster 对象打印到 **Console** 窗口。

4. Start 方法里面的代码基本上只是测试，稍后会删掉。不过还是希望你能感受到单件模式给我们带来的简单的访问方式。

5. 在开始看 InventoryService 之前还有一个步骤。打开 Assets/FoodyGo/Scripts/Database 文件夹的 Monster 脚本。是否还记得，我们之前在 MonsterService 里面用过 Monster 类来记录产生的对象的位置。现在稍稍改变一下！为了使用库存（数据库）来保存信息，我们决定简化 Monster 类；并且把老的 Monster 类改进为 MonsterSpawnLocation，顺便把 MonsterService 脚本也更改为使用新名字 MonsterSpawnLocation。

6. 接下来认真看看新的 Monster 对象，因为待会儿就把它保存到库存（数据库）里面。

    ```
    public class Monster
    {
    ```

第 6 章 保存猎物

```
    [PrimaryKey, AutoIncrement]
    public int Id { get; set; }
    public string Name { get; set; }
    public int Level { get; set; }
    public int Power { get; set; }
    public string Skills { get; set; }
    public double CaughtTimestamp { get; set; }
    public override string ToString()
    {
        return string.Format("Monster: {0}, Level: {1}, Power
            :{2}, Skills:{3}",
            Name, Level, Power, Skills);
    }
}
```

7. 最明显的是这段代码里使用了 C# 属性来定义 Monster 的参数，这点偏离了 Unity，更像是传统的 C# 代码。接下来注意最上面的 Id 属性有一对 attribute(特性)，分别是 PrimaryKey 和 AutoIncrement。如果你熟悉关系型数据库，想必立刻就明白了。

> 为了给那些不那么熟悉关系型数据库的人看，所有的数据库记录（或者对象）都需要一个唯一的标识，称作主键。在这里这个标识就是 Id，这样我们以后就可以快速地查找一个对象。attribute AutoIncrement 说明 Id 属性是一个整数，当有新对象产生的时候会自动增加。这就使得我们不需要自己管理对象的 Id，而且也意味着这个属性会被数据库自动设置。

8. 现在不用操心别的属性，就来看一下覆盖的 ToString 方法好了。覆盖 ToString 方法使得我们能够自定义对象的输出，这在调试的时候会有用。与其每一个属性都打印到控制台，我们可以简单地调用 print(monster) 来输出一个对象，如在 CatchSceneController.Start 方法里面所见的类似。

9. 现在背景知识介绍了，下面打开 Assets/FoodyGo/Scripts/Services 文件夹里面的 InventoryService 脚本。如你所见，这个类的 Start 方法里面有数个条件语句，这是为了满足不同的部署平台的需要。不用审查那部分代码，只来看看 Start 方法的最后几行。

```
_connection = new SQLiteConnection(dbPath, SQLiteOpenFlags.
    ReadWrite | SQLiteOpenFlags.Create);
```

```
Debug.Log("Final PATH: " + dbPath);
if (newDatabase)
{
    CreateDB();
}else
{
    CheckForUpgrade();
}
```

10. 第一行创建了一个新的 `SQLiteConnection`,用来创建到 SQLite 数据库的连接。连接设置是通过在构造函数里面传递数据库路径(dbPath)和选项参数。这里传递的选项是请求读写权限以及若有需要创建数据库。所以如果在给定的路径没有找到数据库,那么一个新的空白数据库就会被创建出来。下一行只是简单地把数据库路径打印出来。

> `Debug.Log` 相当于 print 方法。之前用 print 是为了简捷,以后如果可以也会继续这么做。

11. 连接打开以后,检查 newDatabase 布尔变量来判断是不是创建了新数据库。newDatabase 变量是这段代码之前根据是不是已经有一个数据库存在来赋值的。如果 newDatabase 是 true,就调用 CreateDB,否则就调用 CheckForUpgrade。

12. CreateDB 方法其实并没有真的在设备上创建物理上的数据库文件;创建是在之前看的连接代码里面做的。CreateDB 负责初始化对象表格或者说数据库的模式(schema),如下所示:

```
private void CreateDB()
{
    Debug.Log("Creating database...");
    var minfo = _connection.GetTableInfo("Monster");
    if(minfo.Count>0) _connection.DropTable<Monster>();
    _connection.CreateTable<Monster>();
    Debug.Log("Monster table created.");
    var vinfo = _connection.GetTableInfo("DatabaseVersion");
    if(vinfo.Count>0) _connection.DropTable<DatabaseVersion>();
    _connection.CreateTable<DatabaseVersion>();
    Debug.Log("DatabaseVersion table created.");
```

```
        _connection.Insert(new DatabaseVersion
        {
                Version = DatabaseVersion
        });
        Debug.Log("Database version updated to " + DatabaseVersion)
            ;
        Debug.Log("Database created.");
}
```

13. 千万别被这段代码里面众多的 Debug.Log 吓到,你最好就把它们当作注释一样看。在一开始的日志(log)之后,首先判断 Monster 表格是不是已经被创建了,方法是通过 GetTableInfo 的调用。GetTableInfo 返回表格的列信息;如果没有列,minfo.Count 会是 0。如果这个表格存在,就删除它;再根据当前的 Monster 的属性创建新的表格。

    用同样的方式处理下一个表格 DatabaseVersion。如果 GetTableInfo 返回 vinfo.Count > 0,那就删除表格;否则继续。以后你会发现,每当我们添加新的对象到 InventoryService 的时候,就会用同样的方式添加新的表格。

    SQLite4Unity3d 封装器为我们提供了**对象关系映射(ORM)**框架,从而可以映射对象到关系数据库表格。这也就是为什么时常交叉使用对象和表格这两个术语。下图显示这种映射是如何工作的。

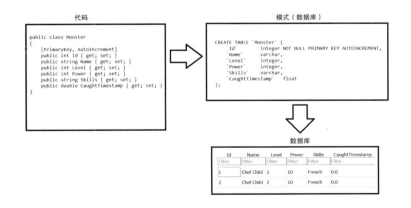

monster 对象到数据库的 ORM 映射示例

14. 当对象的表格都创建了以后,新建一个 DatabaseVersion 的对象,通过 _connection 的 Insert 方法把它保存到数据库。这个 DatabaseVersion 对象非常简单,只有一个名字叫Version的属性。用它来记录当前数据库的版本。

15. 记住,当我们不需要创建一个新的数据库时,就用CheckForUpgrade检查是否要对数据库进行更新,如下:

```
private void CheckForUpgrade()
{
    try
    {
        var version = GetDatabaseVersion();
        if (CheckDBVersion(version))
        {
            //newer version upgrade required
            Debug.LogFormat("Database current version {0} -
                upgrading to {1}", version, DatabaseVersion);
            UpgradeDB();
            Debug.Log("Database upgraded");
        }
    }
    catch (Exception ex)
    {
        Debug.LogError("Failed to upgrade database, running
            CreateDB instead");
        Debug.LogError("Error - " + ex.Message);
        CreateDB();
    }
}
```

16. CheckForUpgrade方法首先拿到当前数据库的文件版本,然后把它和CheckDBVersion方法里面的版本做比较。如果这段代码需要更新版本的数据库,那么就更新数据库。如果数据库不需要更新,那游戏就继续使用当前的数据库。另外,如果在版本检查时候或者别的什么地方发生了一个错误,这段代码就推测当前数据库有什么东西出错了,于是就重新创建一个数据库。稍后会花更多的时间解决具体的数据库更新问题。

17. 最后,审查一下被CatchSceneController调用的CreateMonster方法:

```
public Monster CreateMonster()
{
```

```
    var m = new Monster
    {
        Name = "Chef Child",
        Level = 2,
        Power = 10,
        Skills = "French"
    };
    _connection.Insert(m);
    return m;
}
```

18. CreateMonster 方法当前只是创建一个硬编码好的 Monster 对象，然后使用 _connection.Insert 方法把它插入数据库里，接着就返回了这个对象。如果你对使用关系型数据库和 SQL 有经验，希望能体会到这简捷的 Insert 方法的美丽之处。在本章接下来的章节里，我们还会修改 CreateMonster 以及别的操作方法。

怪物的 CRUD （创建，读取，更新，删除）操作

目前为止，Inventory 服务仅能创建新的怪物；但我们需要的是它可以创建怪物，并且对它进行别的操作，比如读取、更新和删除。顺便说一下，标准的数据库操作——创建，读取，更新，删除通常简称 CRUD （译注：Create、Read、Update、Delete 的首字母合并）。我们撸起袖子加油干，下面就来写怪物的 CRUD 操作。

在编辑器里打开 InventoryService 脚本，滚动到 CreateMonster 方法。删除 CreateMonster 方法，执行以下操作来替换它并且添加新的方法：

- 创建：添加以下方法以替换 CreateMonster 方法：

```
public Monster CreateMonster(Monster m)
{
    var id = _connection.Insert(m);
    m.Id = id;
    return m;
}
```

与其使用硬编码的新建怪物对象，不如现在接受一个怪物对象作为参数，把它当作一个新对象插入到数据库里。返回值就是新的自动增加 id，我们把它设置到怪物对象上，最

后返回怪物对象给上层调用函数。这样就可以允许另一段代码来处理创建怪物时需要的一些细节。

- 读取（单个）：我们会讨论两个版本的读取方法：一个是读一个怪物，或者找到一个怪物；另一个是读取全部的怪物。以下代码都是读取单个怪物的。

```
public Monster ReadMonster(int id)
{
    return _connection.Table<Monster>()
                .Where(m => m.Id == id).FirstOrDefault();
}
```

这个方法接受一个 id，通过 Where 方法在数据库的表里面找到对应的怪物对象。where 方法需要一个函数委托作为参数。这段代码看起来好像是使用了 Linq 转 SQL，虽然其实不是这样的。这里 Where 和 FirstOrDefault 方法只是被加到了 SQLite 的实现里以保持跨平台性。

> iOS 目前为止还不支持 Linq，这让以传统的 C# 为背景的开发者感到许多的困惑，尽管他们只是在不一样的平台，比如 Linux、Mac。如果想让应用程序跨平台兼容，彻底避免 System.Linq 名空间的使用。

- 读取（所有）：处理所有怪物的读取甚至更简单。

```
public IEnumerable<Monster> ReadMonsters()
{
    return _connection.Table<Monster>();
}
```

只要一行代码就能从数据库拿到所有的怪物，这简直没法更简单了。

- 更新：更新怪物代码如下：

```
public int UpdateMonster(Monster m)
{
    return _connection.Update(m);
}
```

UpdateMonster 方法接受一个怪物对象，并用它更新数据库。返回值是被修改的怪物记录的个数。这个方法永远都应该返回 1。注意，传递给 UpdateMonster 的怪物对象应该有已经存在的 ID。如果这个怪物对象的 Id 属性是 0，那你应该使用 CreateMonster

方法。CreateMonster 在数据库里面创建新的怪物，并设置 Id 属性。

- 删除：最终当我们不再需要一个怪物对象的时候，想删掉它，采用以下代码：

```
public int DeleteMonster(Monster m)
{
    return _connection.Delete(m);
}
```

DeleteMonster 方法和 UpdateMonster 方法类似。它接收你想删除的怪物对象，从数据库里删除它。返回值是被删除的对象的个数，在这里，应该永远都是 1。同样，这个怪物对象必须要有有效的 Id 属性。如果它没有有效的 Id，就意味着它其实并不存在于数据库。

到这里，希望你能体会到我们编写基本的怪物 CRUD 有多么轻松。通过使用 SQLite4Unity3d 的数据库封装，使用对象关系映射，从而得以快速地实现怪物库存的数据库持久化。从开始到现在，甚至都可以不提 SQL，更不用说写 SQL 代码了。从今往后，在 Inventory 服务里面实现别的对象都会这么容易。

更新 Catch 场景

为 Inventory 里面的怪物实现了 CRUD 操作以后，我们就破坏了现有的 CatchSceneController 脚本。应该还记得，我们删除了旧的例子里的 CreateMonster 方法，添加了一个只是在数据库里面产生新记录的方法。这就意味着我们不仅需要修复更新的代码，也需要一个新的随机产生怪物属性的方法。

和往常一样，在修复 CatchSceneController 之前，先解决随机产生新怪物属性的问题。理想的方案是创建一个简单的静态类，**MonsterFactory**，来随机构造怪物。请跟着以下步骤来创建新的 MonsterFactory 脚本。

1. 在 Project 窗口中用鼠标右键单击（在 Mac 上就是控制键 Ctrl 和单击组合）Assets/FoodyGo/Scripts/Services 文件夹。在右键菜单里选择 **Create | C# Script**。重命名这个脚本为 MonsterFactory。
2. 双击这个新脚本，在编辑器中打开它。
3. 输入以下代码：

```
using packt.FoodyGO.Database;
using UnityEngine;
```

```
namespace packt.FoodyGO.Services
{
    public static class MonsterFactory
    {
    }
}
```

4. 差不多删掉了与启动相关的脚本代码,因为我们只要一个简单的静态类。

5. 接下来要添加一个包含一系列随机名称的列表,然后用这些名称组合成怪物名字。在这个类里面添加以下字段(field)。

```
public static class MonsterFactory
{
    public static string[] names = {
            "Chef",
            "Child",
            "Sous",
            "Poulet",
            "Duck",
            "Dish",
            "Sauce",
            "Bacon",
            "Benedict",
            "Beef",
            "Sage"
        };
```

6. 请随意往里面添加你喜欢的名字;记得保持每个名字后面有一个逗号,除了最后一个以外。

7. 接下来,添加一些别的字段来记录技能和一些属性的最大值。

```
public static string[] skills =
    {
        "French",
        "Chinese",
        "Sushi",
```

```
            "Breakfast",
            "Hamburger",
            "Indian",
            "BBQ",
            "Mexican",
            "Cajun",
            "Thai",
            "Italian",
            "Fish",
            "Beef",
            "Bacon",
            "Hog",
            "Chicken"
        };

    public static int power = 10;
    public static int level = 10;
```

8. 和名称一样，请随意往里面添加你喜欢的技能名字。别忘了，技能应该像是一道菜肴或者食物产品。稍后会在游戏里把怪物安排到餐馆去找工作，它们到时候会使用这些技能。

9. 现在这些属性都定义好了，开始写 CreateRandomMonster 方法以及别的帮助函数：

```
    public static Monster CreateRandomMonster()
    {
        var monster = new Monster
        {
            Name = BuildName(),
            Skills = BuildSkills(),
            Power = Random.Range(1, power),
            Level = Random.Range(1, level)
        };
        return monster;
    }

    private static string BuildSkills()
```

```
    {
        var max = skills.Length - 1;
        return skills[Random.Range(0, max)] + "," + skills[Random.
            Range(0, max)];
    }

    private static string BuildName()
    {
        var max = names.Length - 1;
        return names[Random.Range(0, max)] + " " + names[Random.
            Range(0, max)];
    }
```

10. 尽管这段代码相当直白,我们还是来审查一些事情吧。在主要函数里面使用了 Random.Range 和辅助函数(BuildName,BuildSkills)来随机产生一些值。名字和技能的辅助函数直接使用随机值作为索引访问 names 或 skills 数组,返回对应的字符串。这随机的名字又被结合到一起形成怪物名称,以及用逗号分隔的技能名字。

11. 同样使用 Random.Range 可以很容易地设置 Power 和 Level 属性。值的范围是从 1 到设置的最大值。

12. 切记,编辑完脚本后,保存!!!

13. 在 Unity 编辑器里面,从 Assets/FoodyGo/Scripts/Controllers 文件夹打开 CatchSceneController 脚本。

 在代码编辑器里面也许找到一个文件并不容易。这也就是为什么总是使用 Unity 编辑器打开新的脚本。

14. 选择并删除文件最上面的 Start 方法。重新编写如下:

```
void Start()
{
    var m = MonsterFactory.CreateRandomMonster();
    print(m);
}
```

15. 这两行代码的意思是,当 CatchScene 被初始化时,生成一个新的随机怪物。

16. 编辑完成以后,保存文件,返回 Unity 编辑器。等待脚本被编译,然后按下 Play 按钮开始场景。留意 Console 窗口里面输出的怪物的属性，你会看到如下图所示的随机值：

```
Starting CUDLR Server on port : 55055
UnityEngine.Debug:Log(Object)
Monster: Chef Beef, Level: 9, Power:6, Skills:Mexican,Indian
UnityEngine.MonoBehaviour:print(Object)
Final PATH: Assets/StreamingAssets/foodygo.db
UnityEngine.Debug:Log(Object)
```

Console 窗口显示的随机生成怪物属性的例子

就这样，当 CatchScene 开始的时候，随机怪物就会被生成出来让玩家去抓。另外，我们还希望怪物的特性决定它被玩家抓捕的难易。这就需要加一些代码，让怪物更加难抓而且还会逃跑。如下所示，给 CatchScene 添加一些难度：

1. 首先需要往 CatchSceneController 添加一些新字段。从 Assets/FoodyGo/Scripts/Controllers 文件夹下打开 CatchSceneController 脚本。

2. 在现有的字段之下，Awake 方法之上，添加以下字段。

   ```
   public Transform escapeParticlePrefab;
   public float monsterChanceEscape;
   public float monsterWarmRate;
   public bool catching;
   public Monster monsterProps;
   ```

3. escapeParticlePrefab 就是当怪物逃跑时候的粒子特效。monsterChanceEscape 决定怪物逃跑的成功率。monsterWarmRate 设置怪物被击中后多快能回暖。catching 只是用来判断是否退出循环的布尔变量。最后，monsterProps 保存随机生成的怪物属性。

4. 如下所示，修改 Awake 方法里面的代码：

   ```
   monsterProps = MonsterFactory.CreateRandomMonster();
   print(monsterProps);

   monsterChanceEscape = monsterProps.Power ** monsterProps.Level;
   monsterWarmRate = .0001f ** monsterProps.Power;
   catching = true;
   StartCoroutine(CheckEscape());
   ```

5. 首先把随机的怪物属性保存在变量 monsterProps 里。然后，就像你看到的，我们根据怪物的能量值和级别的乘积决定逃跑概率。接下来我们定义回暖速度是一个基础值乘以能量值（请暂时别担心硬编码的 .0001f）。之后我们设定 catching 状态是 true，最后开始 CheckEscape 协程（corroutine）。

6. 现在添加 CheckEscape 协程，如下所示：

```
IEnumerator CheckEscape()
{
    while (catching)
    {
        yield return new WaitForSeconds(30);
        if (Random.Range(0, 100) < monsterChanceEscape &&
            monster!= null)
        {
            catching = false;
            print("Monster ESCAPED");
            monster.gameObject.SetActive(false);
            Instantiate(escapeParticlePrefab);
            foreach (var g in frozenDisableList)
            {
                g.SetActive(false);
            }
        }
    }
}
```

7. 在 CheckEscape 协程中有一个 while 循环，只要 catching 是 true 就会一直循环下去。循环里面的第一句话，yield（协程返回的特殊方式）相当于暂停循环 30 秒；这就意味着 while 循环里面的内容只会每 30 秒运行一次。暂停之后，测试 0~100 之间的一个随机值是不是小于 monsterChanceEscape；如果是，而且怪物（MonsterController）不是 null，怪物就逃跑。

8. 当怪物逃跑时，有以下事情要发生。首先，设置 catching 状态为 false 以终止循环。接着，打印一条消息到 **Console**，继续保持这个好传统。之后，停用 monster.gameObject，创建对应的逃跑粒子。最后，停用场景内的物件。为了停用场景内的物件，迭代 frozenDisableList。

9. 在 OnMonsterHit 方法的 if 语句里，输入以下一行代码：

```
monster = go.GetComponent<MonsterController>();
```

```
if (monster != null)
{
        monster.monsterWarmRate = monsterWarmRate;
```

10. 这行代码设置怪物（MonsterController）的 monsterWarmRate 为我们在 Awake 方法里面计算出的值。

11. 继续在 OnMonsterHit 方法里面，在 print("Monster FROZEN"); 后面添加如下两行：

```
print("Monster FROZEN");
// 保存怪物到玩家的库存
InventoryService.Instance.CreateMonster(monsterProps);
```

12. 这行代码做的意义是，当怪物被抓住后，保存怪物的属性，也就是怪物对象到 Inventory 数据库。记住，需要用 CreateMonster 方法来把新怪物对象添加到库存。

13. 编辑完成后，保存文件，回到 Unity 编辑器里面。确保代码可以正常编译。

14. 还需要添加新的 escapeParticlePrefab 到 CatchSceneController 上，才能测试这些代码改动。

15. 在 **Project** 窗口里，打开 Assets/Elementals/Prebabs(Mobile)/Fire 文件夹，把 Explosion 预设拖动到 **Hierarchy** 窗口里。此时应该可以看到 scene 窗口里面播放爆炸粒子效果。

16. 在 **Hierarchy** 窗口里，选中 Explosion 对象。重命名它为 **EscapePrefab**，然后设置 **Transform** 组件的 Z 坐标为 -3。

17. 现在，拖动 EscapePrefab 对象到 Assets/FoodyGo/Prefabs 文件夹，来创建一个新的预设。之所以要创建一个新的预设，是因为我们修改了它相对于场景的默认位置的坐标。

18. 在 **Hierarchy** 窗口里，选中 EscapePrefab，按 Delete 键删掉它。

19. 在 **Hierarchy** 窗口里，选中 CatchScene。从文件夹 Assets/FoodyGo/Prefabs 里拖动 EscapePrefab 到 **Inspector** 窗口的 **Catch Scene Controller** 组件上的 **Escape Particle Prefab** 栏。这个输入栏在你进行这样操作以前应该是空白的。

20. 保存场景和项目。按下编辑器窗口的 Play 按钮，来测试运行游戏。可以尝试多玩这个场景几次，体验抓住怪物的难易程度的不同。注意，此时高 Power 的怪物已经基本不可能抓住了。别担心，稍后的章节我们会在新的库存单元里面引入不同冰冻级别的球来平衡这点。

21. 当然必不可少的是，生成然后部署游戏到移动设备上并测试。目前来说，每当怪物逃脱或者被抓获后场景看起来好像停顿了。稍后当把所有东西都拼接起来时会在 GameManager 里面修正这个问题。

就这样，MonsterFactory 能够随机生成怪物了。怪物的属性控制当前 Catch 场景的游戏难度。然后当怪物被捕获后，把它的属性保存在新产生的 InventoryService 的 SQLite 数据库中。

制作 Inventory（库存）场景

能够把游戏内容分割成一个个的场景有一个大优点，那就是我们能分别开发和测试每一块功能。不需要操心其他的东西，比如游戏启动、事件抑或是功能减缓我们的开发。尽管如此，在某个时刻我们还是需要把所有片段整合起来；另外，经常整体性地测试游戏也有一定的重要性。

和以前一样，在开始做 Inventory 场景以前，做一次对所有脚本的全部重置导入。这意味着我们会导入一些新的，或者是更新过的脚本；而且将不能一一分析所有的修改。在接下来的章节里，我们没有时间来审阅所有的有意思的代码；当你有空的时候，强烈建议你这么去做一遍，作为休闲娱乐也好。如果有部分读者往脚本里添加了自己的修改，建议自己备份这些修改。请按以下步骤导入资源：

1. 保存场景和项目。如果需要保留自己的修改，请备份项目到另外的位置。
2. 选择菜单命令 **Assets | Import Package | Custom Package…**，打开 **Import package…** 对话框。
3. 在这个对话框里，浏览到本书的源代码下载文件夹 `Chapter_6_Assets`，选择文件 `Chapter6_import2.unitypackage`。然后单击 **Open** 按钮开始导入。
4. 当 **Import Unity Package** 对话框打开时，确保所有项目都被选中了，然后单击 **Import** 按钮。

在所有更新的或者新建的脚本都被装载后，就来开发新的 Inventory 场景，步骤如下：

1. 选择菜单命令 **File | New Scene**，这会产生一个新的空白场景，里面有一个摄像机和一束方向光。
2. 选择菜单命令 **File | Save Scene As…**，根据提示输入场景名 `Inventory` 并保存。
3. 选择菜单命令 **GameObject | Create Empty**，重命名这个新对象为 `InventoryScene`，在 **Inspector** 窗口里重置 transform 为 0。
4. 在 **Hierarchy** 窗口里，把 `Main Camera` 和 `Directional Light` 对象拖动到 `InventoryScene` 对象上。这样做会梳理对象层级关系，如同我们对别的场景所做的一样。

5. 选择菜单命令 **GameObject | UI | Panel**，这将添加一个 `Panel`，它拥有一个父亲 `Canvas` 和一个空的 `EventSystem` 对象。

6. 在 **Hierarchy** 窗口里，选中 `EventSystem`，按 Delete 键删除它。记住，Unity 稍后会帮我们添加一个。

7. 在 **Inspector** 窗口里，选择 `Canvas` 父亲对象，重命名它为 `InventoryBag`。

8. 在 **Hierarchy** 窗口里，把 `InventoryBag` 对象拖动到 `InventoryScene` 上，使之成为子对象。

9. 在 **Hierarchy** 窗口里，选择 `Panel` 对象。然后在 **Inspector** 窗口里，修改 **Image** 组件的颜色。方法是单击这个输入栏，打开 **Color** 选择器对话框，在底部修改 **Hex** 值为 `#FFFFFF`，然后关闭对话框。这将把整个 **Game** 窗口的背景设为白色。

这样就完成了 `InventoryScene` 的基础了。在开始深入一些组件以前，首先创建 Inventory 物品预设：

1. 在 **Hierarchy** 窗口里选择 `InventoryBag`。选择菜单命令 **GameObject | UI | Button**，这将给 `InventoryBag` 添加一个子对象 `Button`。

2. 重命名这个 `Button` 为 `MonsterInventoryItem`，然后在 **Inspector** 窗口内按住 **pivot** 和 **position** 按键，设置 **Rect Transform | Anchor Presets** 为 top-stretch。

3. 删除 **Image** 组件：单击它旁边的齿轮图标，在下拉菜单里选择 **Remove Component**。

4. 现在在 **Button** 组件里看到一条警告。修改 **Button** 组件的 Transition 属性为 none，之后这条警告就会消失。

5. 在 **Project** 窗口里，打开 `Assets/FoodyGo/Scripts/UI` 文件夹，把 `MonsterInventoryItem` 脚本拖动到 **Hierarchy** 窗口的 `MonsterInventoryItem` 按钮上。这样做会添加 Inventory 脚本到这个对象。

6. 在 **Hierarchy** 窗口里，用鼠标右键单击（Mac 上使用 Ctrl 和单击）`MonsterInventoryItem`。在右键菜单里面，选择 **UI | Raw Image**。

7. 在 **Inspector** 窗口里选中 Raw Image 对象，设置 **Raw Image | Texture** 的属性，单击这个属性旁边的牛眼标志（bullseye icon）。在 **Select Texture** 对话框里，选择 **monster** 贴图。另外，设置 **Rect Transform** 的 **width** 和 **height** 的值为 `80`。

8. 在 **Hierarchy** 窗口里，选中 `MonsterInventoryItem` 的子对象 Text，按 Ctrl + D 组合键（Mac 平台使用 command + D）来复制这个对象。

9. 选中第一个 Text 对象，在 **Inspector** 窗口中重命名它为 `TopText`，并且设置组件 **Text | Paragraph | Alighment** 为中央-上方（center-top），如下图所示：

设置 UI 文本对齐方式为中央-上方

10. 给 `Text(1)` 对象重复上一个步骤,重命名为 `BottomText`,并且设置它的对齐方式为中央-底部。

11. 在 **Hierarchy** 窗口中,拖动 `Raw Image` 对象到 `MonsterInventoryItem` 下方一点点,让它成为其第一个子对象。

12. 从 **Hierarchy** 窗口中,拖动 `MonsterInventoryItem` 对象到 **Project** 窗口的 `Assets/FoodyGo/Prefabs` 文件夹。这会让 `MonsterInventoryItem` 成为一个预设。保持原始的对象在这个场景。

创建好了 inventory item,我们回过头再完成 inventory bag 的制作:

1. 在 **Hierarchy** 窗口中,选中 `InentoryBag` 对象,然后选择菜单命令 **GameObject | UI | Scroll View**。这会添加一个 `Scroll View` 在 `Panel` 旁边。拖动 `Scroll View` 到 `Panel` 上方让它成为 `Panel` 的子对象,如下图所示:

当前的 InventoryScene 层级结构

2. 在 **Hierarchy** 窗口里选择 `Scroll View` 对象,然后在 **Inspector** 窗口中,通过按下 **pivot** 和 **position** 按钮设置 **Rect Transform | Anchor Presets** 为 **stretch-stretch**,如下图所示:

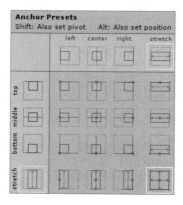

通过按下 pivot 和 position 按钮来选择预设的锚点为 stretch-stretch

3. 在 Scroll View 还在被选中状态时，取消选中 **Scroll Rect** 组件的 **Horizontal** 滚动选项。我们只让库存垂直地滚动。

4. 在 **Hierarchy** 窗口中，展开 Scroll View 对象，然后展开它的子对象 Viewport。这会显示底层对象 Content。选中 Content 对象。

5. 在 **Inspector** 窗口中，同样，按下 **pivot** 和 **position** 按钮来设置 **Rect Transform | Anchor Presets** 为 **top-stretch**。

6. 继续在 **Hierarchy** 窗口中选中 Content 对象，使用菜单命令 **Component | Layout | Grid Layout Group** 给它添加组件。类似地，添加组件 **Component | Layout | Content Size Fitter**。

7. 从 Project 窗口的 Assets/FoodyGo/Scripts/UI 文件夹里，拖动 InventoryContent 脚本到 **Hierarchy** 窗口的 Content 对象上或者是 **Inspector** 窗口的 Content 对象上。

8. 保持 **Inspector** 窗口选中的是 Content 对象，拖动 Scroll View 对象到空白的 **Inventory Content | Scroll Rect** 属性。

9. 然后，从 **Project** 窗口的 Assets/FoodyGo/Prefabs 文件夹，拖动 MonsterInventoryItem 预设到空白的 **Inventory Content | Inventory Prefab** 属性槽。

10. 设置并确保属性 **Rect Transform**、**Grid Layout Group**、**Content Size Fitter** 和 **Inventory Content** 如下图所示：

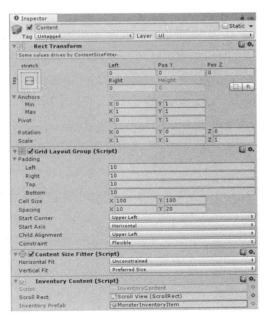

Content 对象的设置

制作 Inventory（库存）场景

11. 最后在 **Hierarchy** 窗口中，拖动 `MonsterInventoryItem` 到 `Content` 对象上，使之成为子对象。然后在 **Inspector** 窗口中，取消选择对象名称旁边的单选按钮来取消激活这个对象。我们只是用这个对象作为参照。更新后的 Hierarchy 窗口应该和下图一致：

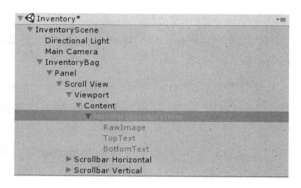

Inventory 层级

到此为止，我们已经搭建了大部分的 **Inventory** 场景，接下来要做的就是把各个模块拼接起来。请执行以下步骤来完成这个场景：

1. 从 **Project** 窗口里，拖动 `Assets/FoodyGo/Scripts/Controllers` 文件夹下的 `InventorySceneController` 脚本到 **Hierarchy** 窗口的 `InventoryScene` 对象上。

2. 选中 `InventoryScene` 对象。从 **Hierarchy** 窗口中拖动 Content 对象到 **Inspector** 窗口的空白的 **Inventory Scene Controller | Inventory Content** 属性栏。

3. 从 **Project** 窗口的 `Asset` 文件夹里，拖动 **Catch** 场景到 **Hierarchy** 窗口里。这使得我们可以看到两个场景互相覆盖的样子。

4. 从 `Catch` 场景中，选中并拖动 `Services` 对象到 **Inventory** 场景。这会把 `Services` 添加到 **Inventory** 场景。记住，只是用这些服务来做测试，稍后计划从 `Catch` 场景中删除它们。

5. 用鼠标右键单击（Mac 平台 Ctrl + 单击）`Catch` 场景来打开右键菜单。选择 **Remove Scene**，当提示保存时，单击 **Save** 按钮。

6. 按下 **Play** 按钮来运行场景，看看结果如何。以下是测试 `Catch` 场景时捕获了数个怪物之后的样例截屏。

Inentory 场景显示抓获的怪物

> 这个 3D 角色是使用 Reallusion iClone Character Creator 设计的。如果想要产生更多自定义的角色，请访问 http://www.reallusion.com/iclone/character-creator/default.html。

希望拼接起库存服务以后，花点时间测试 **Catch** 场景，抓些怪物，现在应该能看到抓住的怪物。如果你那里不显示怪物，别担心，我们会在这章结束以前把游戏串联起来。另外，也许你也注意到了怪物库存里面的物件其实都是按钮，然而它们其实没有反应。这个没关系，之后会在库存里面添加详细信息。目前我们就把所有的场景拼接成一个像样的游戏，作为本章的结尾。

添加菜单按钮

为了把场景们拼接起来，需要玩家输入来触发事件。当玩家在 Map 场景单击怪物的时候，已经设定了一个事件。现在我们也想让玩家从 Map 或者 Catch 场景切换到 Inventory 场景并且切换回去。为了实现这点，需要在每一个场景里面添加一些 UI 按钮。

因为已经打开了 **Inventory** 场景，就先在这个场景添加新按钮。

1. 在 **Hierarchy** 窗口中，用鼠标右键单击（Mac 上 Ctrl+ 单击）InventoryBag 对象，在右键菜单里面选择 **UI | Button**。这会在 Panel 下添加一个按钮。展开 Button 对象，选择它的子对象 Text，按 Delete 键删掉它。

2. 选中新建的 Button 按钮，在 **Inspector** 窗口里把它重命名为 ExitButton。

3. 在 **Inspector** 窗口里，按住 **pivot** 和 **position** 按钮，设置 **Rect Transform | Anchor Presets** 为 **bottom-center**。接着修改 **Rect Transform** 属性的宽和高为75，位置 **Y** 为10。

4. 选择 **Image | Source Image**。单击输入栏旁边的靶心标记来打开 **Select Sprite** 对话框，选择 button_set11_b。

5. 最后，连接起这个按钮。单击 **Button | OnClick** 事件属性上的加号（+）按钮，创建一个新的事件栏。然后从 **Hierarchy** 窗口中拖动 **InventoryScene** 对象到这个空的 **None(object)** 事件栏。

6. 完整的 ExitButton 的设置如下图所示：

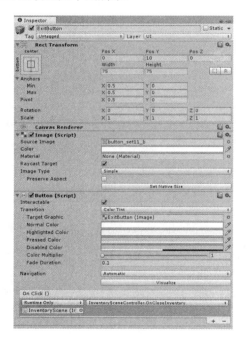

ExitButton 组件设置

刚刚添加的这个 ExitButton 是用来关闭 Inventory 场景并回到打开它的场景的。现在先要到 **Game** 场景做一些小修改，然后再去 **Map** 和 **Catch** 场景中。执行以下步骤更新 **Game** 场景。

1. 从 **Project** 窗口的 Asset 文件夹里，拖动 **Game** 场景到 **Hierarchy** 窗口。

2. 从 **Inventory** 场景中拖动Services对象到 **Game** 场景，这就是Services对象的新家。在 **Inspector** 窗口中，重命名Services对象为_Services，这么做是为了使用下画线_来标记不要被销毁的对象。

3. 用鼠标右键单击（Mac 上面使用 Ctrl + 单击）**Inventory** 场景，在右键菜单里选择 **Remove Scene** 来删除它。当提示出现的时候，单击 **Save** 按钮保存场景。

4. 在 **Hierarchy** 窗口中选择 _GameManager 对象，如下图所示，更新 **GameManager** 脚本里面的场景名称。

Game Manager 场景名称更新

下一步，在 **Map** 场景添加一个按钮来访问 **Inventory** 场景。按照以下步骤添加这个新按钮：

1. 在 Project 窗口的 Assets 文件夹里，双击 **Map** 场景。这会关闭 **Game** 场景；当提示出现的时候，选择保存修改。

2. 在 **Hierarchy** 窗口中展开 MapScene 对象，用鼠标右键单击（Mac 上面使用 Ctrl + 单击），打开右键菜单，选择 **UI | Button** 添加新按钮。

3. 选中新建的按钮，在 **Inspector** 窗口里，重命名它为 HomeButton。按住 **position/pivot** 按钮，设置 **Rect Transform | Anchor Presets** 为 **bottom-center**。设置 **Rect Transform** 属性的宽和高为 75，位置 Y 为10。然后单击靶心标记，从 **Select Sprite** 对话框里面选择对应的 sprite 来设置 **Image | Source Image** 为 button_set06_b。

4. 从 **Project** 窗口 Assets/FoodyGo/Scripts/UI 文件夹下，拖动 HomeButton 脚本到 **Hierarchy** 窗口的 HomeButton 按钮上。

5. 在 **Hierarchy** 窗口中，选中并拖动 HomeButton 到 **Project** 窗口的 Assets/FoodyGo/Prefabs 文件夹下，来创建一个新的预设。

最后需要修改的场景就是 **Catch** 场景，这次修改会让我们的所有旅途完整。执行以下步骤来添加 HomeButton 到这个场景中：

1. 在 **Project** 窗口中的 Assets 文件夹里，双击 **Catch** 场景。这会导致 **Map** 场景的关闭，

当提示出现的时候，注意选择保存。

2. 在 **Hierarchy** 窗口中展开 `CatchScene` 对象。从 **Project** 窗口的 `Assets/FoodyGo/Prefabs` 文件夹里，拖动 `HomeButton` 预设到 `Catch_UI` 对象上。此时能够看到 `HomeButton` 显示在 `CatchBall` 的上层。

3. 选中 `HomeButton`，在 **Inspector** 窗口里按住 **position/pivot** 按钮修改 **Rect Transform | Anchor Presets** 为 **top-right**，然后修改位置 **X** 和 **Y** 为 -10。

4. 保存当前场景和项目。

至此添加好了场景转换按钮，也更新了所有脚本，所有事情都就绪，是时候合成游戏，跑起来看看了。

合成游戏

哇哦，当下我们的游戏有 5 个场景，是时候把所有东西合成一个完整的游戏了。为了连接起所有部分，还剩下一点小小的工作。执行以下步骤来修改生成设定，并测试游戏：

1. 在编辑器里打开 **Game** 场景；这就是我们的起始场景。
2. 在菜单里，选择 **File | Build Settings** 来打开 **Build Settings** 对话框。从 **Project** 窗口中的 `Assets` 文件夹下，拖动场景到 **Scenes in Build** 区域。拖动场景来重新排序，让它们和下图一致：

生成的场景

3. 生成并且部署游戏到移动设备上，测试运行。运行游戏，尝试捕捉一些怪物，检查库存之类的。

游戏运行良好，还有一些小 bug。不过也许你首先注意到的就是按钮和库存物品的大小不是我们设计的样子。别担心，会在下一章解决 UI 缩放的问题。在接下来的章节中，我们也将修复另外的也许你已经注意到的缺陷。在第 9 章，完成游戏中，将用一整章来讨论稳定代码质量。

移动开发中的痛

认真观察，会注意到在部署到移动设备上以后，启动场景的文字没有被缩放到合适的大小。之所以要把这个问题遗留到现在就是想表达一个观点，UI 设计应该独立于屏幕的尺寸。

移动开发者的一个痛点就是需要一致性地支持几乎无限多种屏幕尺寸。在某些平台上，这需要为 UI 元素开发多种分辨率的贴图。幸运的是，Unity 的 UI 系统有一些友好的支持屏幕缩放的选项，而且在所有平台都适用。不过别忘了，并没有 100% 完美的解决方法。有可能在某些平台会出现缩放的痕迹。

为了修复当前 UI 屏幕渲染的缺陷，首先在所有的 UI 画布（canvas）上设置 Canvas Scaler 组件。执行以下步骤来设置 Canvas Scaler：

1. 打开一个含有 UI 元素的游戏场景（Map、Catch、Splash 和 Inventory）。
2. 找到并选中 Canvas 元素。以下是每个场景中的 Canvas 列表：

   - Splash 场景：Canvas
   - Map 场景：UI_Input
   - Catch 场景：Catch_UI, Caught_UI
   - Inventory 场景：InventoryBag

3. 如果某个 Canvas 没有 **Canvas Scaler** 组件，使用 **Add Component** 按钮添加一个。
4. 设置所有的 **Canvas Scaler** 的属性如下图所示：

Canvas Scaler 组件的属性

5. 给每一个场景和 Canvas 对象重复这个过程。切记，执行修改之后要保存场景。

6. 修改完成后，生成并部署游戏到移动设备上。测试游戏，注意现在 UI 元素缩放到它们被设计的大小。

总结

在这一章里，我们缓慢地开头，首先搞清楚如何保存玩家捕获的猎物。之后，分析几个数据库方案，并决定给 SQLite 选一个跨平台对象关系映射工具，SQLite4Unity3d。把这个数据库封装到库存服务里，然后给怪物物品创建了 CRUD 操作。接下来，决定我们需要更好地随机生成怪物的方法，所以开发了怪物工厂。这就使得我们得以回到前一章，完善了 **Catch** 场景，使用怪物工厂来生成怪物，并使用库存服务来保存捕获的猎物。当有了数据库保存怪物以后，我们开发了库存场景来查看捕获的怪物。最后，用 UI 菜单按钮把所有东西连接起来；再把所有场景拼成完整的游戏。当然，章节的结尾解决了一些跨平台部署的问题。

在下一章中，将探索围绕玩家的 AR 世界和地图。通过使用一些智能服务，将会增加地图上玩家能够交互的物件和场景。这也要求我们在 GIS/GPS 知识上更深入一级，从而可以探索使用空间查询以及别的高级概念。

第 7 章
创建 AR 世界

到目前为止，我们的游戏都围绕在玩家与随机烹调怪物的交互上。虽说玩家可以记录怪物在地图上的位置，然而玩家身边的一切都不属于虚拟现实的一部分。毫无疑问要去修复这个短板。我们意图创建一个丰富的 AR 世界，玩家可以与之交互，寻找、存储物品，训练怪物以及派出怪物进行烹调任务。为了达到这点，需要在玩家的世界周围填充虚拟现实的场景。

在这一章里，回到地图部分，在玩家身边添加新的虚拟现实的场景。这些场景不是完全依据游戏现实的（译注：即虚拟现实的部分）；事实上，我们会以真实世界场景为游戏世界的基础。在这个 AR 世界里填充的内容来源于一个基于位置的网络服务。本章将会覆盖以下几点：

- 回到地图
- 单件模式
- Google Place API 入门
- 使用 JSON
- 配置 Google Place API 服务
- 产生标记
- 优化搜索

这是短小精湛的一章，我们会快速地覆盖许多东西。如果之前跳过了一些章节，请确保你是一个有经验的 Unity 开发者，或者看这本书只是玩玩而已。和之前一样，如果刚好跳过了上一章，可以打开本书下载源代码的 `Chapter_7_Start` 文件夹下的工程（Project）文件。

回到地图

想必你之前也想过我们一定会回到地图这个话题上。地图模块是基于位置游戏的核心和基础，它提供了通往游戏现实的窗口，同时又给真实世界的玩家提供指引。当前我们唯一给虚拟现实提供的线索就是记录和显示怪物的位置。然而怪物是纯粹随机的，和真实世界没联系。在某种程度上，这削弱了游戏体验，可修复怪物行为这个话题本身又可以出一本书了。为了能够增加一些真实世界的成分到虚拟物品、虚拟场景，将应用 Google Maps API 来填充玩家身边的地图。

在开始给游戏添加新特性以前，先花时间修正一些上一章跳过的几个小问题。很可能你在试玩的时候已经注意到这些问题了。这问题就是，一旦用户从 Catch 场景或者 Inventory 场景返回，GPS 服务和地图会停止更新。上一章没空关注这些小细节，因为下一章我们会有时间解决它们。

如果你是专业开发者，肯定知道：崩溃、重构和修复都是为了软件或者游戏的衍变服务的。多少初出茅庐的开发者花费了太多的时间意图写出完美的代码，并且还不遗余力地保留这些代码！其实代码生来就是用来修改、重写、抑或删除的。越早意识到这点，作为开发者的意识就越好。当然，重构也看天时地利；比如绝对不能在发布游戏或者产品的前一天。

为了修复 GPS 的问题，我们把 `GPSLocationService` 类重写成一个单件类。另外，所有依赖于这个服务的类都需要更新。首先引入更新的脚本，然后移动一些服务，如下：

1. 在 Unity 里打开上一章留下的工程，或者打开从下载的源代码文件夹里的 `Chapter_7_Start` 文件夹。
2. 选择菜单命令 **Assets | Import Package | Custom Package…**，在弹出的 **Import Packages…** 对话框里，浏览到下载的源代码文件夹 `Chapter_7_Start`。
3. 和以前一样导入资源包。
4. 在 **Project** 窗口中的 `Assets` 文件夹下，通过双击打开 **Game** 场景。
5. 从 **Project** 窗口中的 `Assets` 文件夹下，拖动 **Map** 场景到 **Hierarchy** 窗口。
6. 在 **Hierarchy** 窗口里展开 **Map | MapScene** 对象，再展开 `Services` 对象。之后同样展开 **Game** 场景的 `_Services` 对象。**Hierarchy** 窗口现在应该看起来如下图所示：

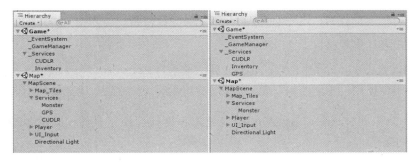

场景更新前和更新后

7. 选中 Map | MapScene | Services | CUDLR 对象，按下 Delete 键删除它。主要 Game 场景已经有了 CUDLR，所以不再需要它。

8. 拖动 Map | MapScene | Services | GPS 对象到 Game | Services 对象上，使之成为后者的子对象。这样做使得我们的 GPS 服务成为了主要服务。如上图所示，这时 Map 场景仅剩的服务就是 Monster 服务。

9. 在 Hierarchy 窗口中的 Map 场景对象上用鼠标右键单击（Mac 平台使用 Ctrl + 单击），弹出右键菜单，选择 Remove Scene，当提示出现的时候，选择保存。

10. 按下 Ctrl + S 组合键来保存 Game 场景（Mac 平台使用 command + S）。

11. 按下 Play 按钮，测试运行游戏。确保 GPS 模拟模式正在运行（如果不确定怎么设置，请参考第 2 章，映射玩家位置）。注意，此时 GPS 应该能继续运行了。

可能表面上看起来我们只是移动了几个服务，其实改动远不止如此。上面提到过，`GPSLocationService` 被改成了单件类。之前虽然也把单件模式用到了 GameManager 和 `InventoryService` 类上，但我们还没有深挖单件类工作的细节。下一节重点分析单件模式。

单件模式

当我们开始游戏开发的时候，在场景内部管理所有对象。不用操心各种服务和管理器的生命周期之类的问题。然而随着游戏越来越成熟，不可避免地，开始使用多个场景。这样我们就需要让服务和管理器能够容易地被子场景在任何代码里面访问到。

在传统游戏里，我们会创建一个全局或者静态变量来记录游戏状态，不管是什么场景或者什么脚本。全局静态类确实能行，但是它有一些局限性，如下：

- 静态类是延迟加载的,这在 Unity 里面很容易导致问题。
- 静态类没办法实现接口。
- 静态类只能从 object 派生出来。它们没办法继承自 MonoBehaviour,也就不能在 Unity 里作为组件使用,不能使用 Unity 协程以及其他的基类方法,比如 Start、Update 等。

来看看声明一个标准 MonoBehaviour 游戏对象和更新后使用单件模式的 GPSLocation-Service 脚本的区别。

跟随这些步骤的时候,请用你选择的编辑器打开更新后的脚本文件。

之前的 GPSLocationService 是如下声明的:

`public class GPSLocationService : MonoBehaviour`

这是标准的定义一个 Unity 组件的方法,我们已经看过很多次了。现在比较一下使用单件模式的声明:

`public class GPSLocationService : Singleton<GPSLocationService>`

审查、理解 Singleton 类是如何工作的。脚本位于 Assets/FoodyGo/Scripts/Managers 文件夹。

这看起来怪怪的:声明一个对象,派生自一个用它自己实例化的泛型类别。这么理解,Singleton 类就是一个封装器,把这个实例转换成一个全局静态变量,随时都能访问。如下就是 GPS 服务以前和现在如何访问的例子:

```
// 以前, GPS 服务对象是一个类的字段, 并且只能够通过编辑器的界面来赋
    值。
public GPSLocationService gpsLocationService;
gpsLocationService.OnMapRedraw += gpsLocationService_OnMapRedraw;

// 现在, GPS 服务可以被任何地方作为单件访问
GPSLocationService.Instance.OnMapRedraw +=
    GpsLocationService_OnMapRedraw;
```

当应用单件模式的时候,有一点至关重要,值得注意。那就是需要确保单件管理器或者服务是一个场景的游戏对象。这样我们就可以利用 Start、Awake 和 Update 之类的方法。但是如果

不把单件对象加到场景里面就直接访问，它们还是可以被访问的，但是很可能会缺少在 Awake 或者 Start 方法里执行的重要的初始化操作。

看看使用 GPSLocationService 的类：MonsterService、CharacterGPSCompassController，还有 GoogleMapTile。它们有着细微但是重要的区别，稍后就能理解其所以然。

这一章将要添加一个新的使用 GPSLocationService 的类，然后让这个新服务成为一个单件。我们把它叫作 GooglePlacesAPIService，下一节会有更多关于它的内容。

Google Place API 入门

我们将使用 Google Place API 来填充玩家身边的虚拟世界，同时照顾到真实世界的场景和地点。之前我们已经用过 Google Static Maps API，添加一个新的服务应该挺直白的。但是，和地图 API 不同的是，场景 API 的使用限制更多。这意味着需要花费额外的设置步骤，并修改访问这个服务的方式。更别提稍后发布游戏的时候，这会直接影响到我们的商业模式。

> Google Place API 的一个直接竞争对手是 Foursquare。Foursquare 对使用的限制少得多，但是需要更多的验证机制。将会在第 9 章，完成游戏里回顾这个话题。

为了开始使用 Google Place API，首先得注册并生成一个 API 密钥。这个密钥允许你的应用或者游戏每天执行 1000 条查询。若我们想做成多人游戏，这不是一个很大的数字。所幸如果在谷歌注册付费方式的话，它们能提高上限到每日 150,000 条查询。本章里我们的代码会尽量优化以减少查询次数，以便测试时不超过 1000 条查询的限制。

> Google Static Maps API 同样有每个 IP 地址 2500 条查询的限制。这个限制要宽松许多，所以就干脆不注册了。并且只需要当玩家离开地图瓦片边缘的时候才会请求新地图。

打开最喜欢的浏览器，执行以下步骤来生成新的 Google Place API 密钥：

1. 单击 https://developers.google.com/places/web-service/get-api-key 或者复制到浏览器打开。
2. 单击页面中央蓝色的按钮，它上面写着 **GET A KEY**，截屏如下图所示。

获取一个谷歌开发者密钥

3. 登录谷歌账号,如果没有就创建一个。
4. 登录以后,会有一个对话框提示选择或者创建一个新项目。选择创建一个新项目,命名为 **Foody GO**,或者别的你喜欢的任何名字。

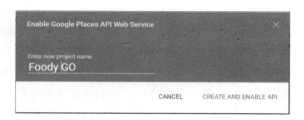

创建一个新的 Google Place API 项目

5. 单击链接 **CREATE AND ENABLE API**。这会打开一个对话框,显示 API 密钥以及开始使用的文档。确保复制如下图截屏所示的密钥:

示例密钥(我故意把它弄花了)

现在你有自己的 API 密钥了,我们就开始测试一下 Google Place API 的 REST 服务吧。这个练习不仅可以展示搜索结果的返回信息,也可以帮助我们理解这个 API。请按照以下步骤操作:

1. 单击或者复制这个 URL:`https://www.hurl.it/` 到浏览器里。`hurl.it` 让你简单快速地在浏览器里测试 REST API 调用。
2. 在表格顶端 `yourapihere.com` 文本框里输入 Google Place API 的基础 URL,像这样:`https://maps.googleapis.com/maps/api/place/nearbysearch/json`。
3. 接着,单击 **Add Parameter**(添加参数)链接,输入名称为 `type`,值为 `food`。以下是这个练习里应该用到的参数和对应的值。

名称	值	描述
type	food	你想搜索的地点类别。当然我们要用 food（食物）
location	-33.8670,151.1957	经纬度坐标，用逗号分隔
radius	500	搜索半径，以米为单位
key	密钥	使用上一步生成的 API 密钥

4. 添加完上面表格所指示的参数。确保它们看起来和下图一样：

给附近的东西搜索添加参数

5. 参数都添加完毕以后，选择下面的"确认你不是一个机器人"的单选按钮。然后单击 **Launch Request**（发送请求）。
6. 如果所有参数都添加正确，现在应该看到表单下面的返回消息的变化。这个返回消息非常长，如果对 JSON 不熟可能看起来有些生疏。

让浏览器继续打开在这一页，下一节会来查看这个返回值。

使用 JSON

JSON 是 **JavaScript Object Notation** 的缩写，是一种非常轻量级的对象序列化格式，以方便信息传输。这意味着从 Google Place API 获得的返回消息实际上是一组对象。我们只需要正确地解析这些对象，就可以轻松地理解这个搜索结果。Unity 刚好有内嵌的 JSON 库；但是，在本书编写的时候，它还不能解析 Google Place API 的返回值。所幸还有很多资源可以用来解析 JSON。

既然 Unity 引擎不能有效地解析这个返回值，我们就决定用一个叫作 **TinyJson** 的库。TinyJson 是 GitHub 上的一个开源项目，但是部分代码需要重写才能在 iOS 运行。尽管这样，一些对 `System.Linq` 名空间的使用还是被保留了。所以如果想在 iOS 上运行这份代码，确保脚本后端设置为 `IL2CPP`。

 正如之前提到的，当给 iOS 开发的时候，得留意用了哪些 C# 命名空间。通常来说，努力避免 System.Linq 命名空间，因为这让部署到 iOS 有点困难。

既然有了大概的想法,我们就来看看一段示例代码,学习如何发送搜索请求到 Google Maps API:

```
// 这段代码是一个协程的一部分
var req = new WWW(
        "https://maps.googleapis.com/maps/api/place/nearbysearch/
            json?location=-33.8670,151.1957&type=food&radius=500&key
            ={yourkeyhere}");

// yield (退出协程)直到服务请求返回
yield return req;

// 从返回值中抽取 JSON 文本
var json = req.text;

// 使用 TinyJson 库里的 JSONParser 来把结果反序列化成一个叫作
   SearchResult 的对象
var searchResult = TinyJson.JSONParser.FromJson<SearchResult>(json);
```

这段代码和我们用来从 Google Static Maps API 下载图像的类似。不同之处在于,我们使用了 WWW 方法来返回 JSON 文本,并且把它解析到一个叫作 SearchResult 的对象里。SearchResult 的类定义通过读取 JSON 形成,包括属性和对象层级关系。不幸的是这必须是一个手动的过程,因为想要支持 iOS 就没办法做动态代码生成。幸运的是有许多工具可以让我们把 JSON 转换成需要的类定义。

为了看到完整的过程和 JSON 的魔力,我们用一个在线工具来结构化地构建 SearchResult 类。请按照以下步骤做这个练习:

1. 回到 Hurl.it 页面,复制 JSON 返回值。请检查确保选中了从开始大括号({)到结束大括号(})的所有内容。
2. 按 Ctrl + C 组合键(Mac 平台使用 command + C)复制选中的 JSON 文本。
3. 在另一个标签页打开 http://json2csharp.com/。
4. 按 Ctrl + V 组合键(Mac 平台使用 command + V)粘贴复制的 JSON 文本到 JSON 字段。
5. 单击 **Generate** 按钮生成 C# 类,如下图所示:

```csharp
public class Location
{
    public double lat { get; set; }
    public double lng { get; set; }
}

public class Northeast
{
    public double lat { get; set; }
    public double lng { get; set; }
}

public class Southwest
{
    public double lat { get; set; }
    public double lng { get; set; }
}

public class Viewport
{
    public Northeast northeast { get; set; }
    public Southwest southwest { get; set; }
}

public class Geometry
{
    public Location location { get; set; }
    public Viewport viewport { get; set; }
}

public class OpeningHours
{
    public bool open_now { get; set; }
    public List<object> weekday_text { get; set; }
}

public class Photo
{
    public int height { get; set; }
    public List<string> html_attributions { get; set; }
    public string photo_reference { get; set; }
    public int width { get; set; }
}

public class Result
{
    public Geometry geometry { get; set; }
    public string icon { get; set; }
    public string id { get; set; }
    public string name { get; set; }
    public OpeningHours opening_hours { get; set; }
    public List<Photo> photos { get; set; }
    public string place_id { get; set; }
    public int price_level { get; set; }
    public double rating { get; set; }
    public string reference { get; set; }
    public string scope { get; set; }
    public List<string> types { get; set; }
    public string vicinity { get; set; }
}

public class RootObject
{
    public List<object> html_attributions { get; set; }
    public string next_page_token { get; set; }
    public List<Result> results { get; set; }
    public string status { get; set; }
}
```

从 JSON 返回消息自动生成的类定义

6. 现在就可以复制这段代码，粘贴到我们的代码编辑器里，作为脚本的一部分。然后重命名 `RootObject` 类为 `SearchResult` 类。`RootObject` 只是一个指派给最上层无名对象（或者叫根对象）的类的名字。

上面所展示的代码和生成的类层次可以用来构建 `GooglePlacesAPIService`。这个服务本身还有别的功能，现在你先明白最关键的这个服务是如何构建的，并且如何构建类似的使用 JSON 格式的服务。下一节，我们来配置这个新服务。

配置 Google Place API 服务

因为已经导入了更新的脚本，配置服务应该是小菜一碟。执行以下步骤进行配置并测试 `GooglePlacesAPIService`：

1. 返回 Unity 编辑器。从 **Project** 窗口中的 `Assets` 文件夹拖动 **Map** 场景到 **Hierarchy** 窗口中。
2. 在 **Hierarchy** 窗口中展开 `MapScene` 和 `Services` 对象。
3. 用鼠标右键单击（Mac 平台 Ctrl + 单击）`Services` 对象，在右键菜单里面选择 **Create Empty**。重命名产生的新对象为 `GooglePlacesAPI`。
4. 从 `Assets/FoodyGo/Scripts/Services` 文件夹拖动 `GooglePlacesAPIService` 脚本，释放在 **Hierarchy** 窗口的 `GooglePlacesAPI` 对象上，或者释放在 (`GooglePlaces-API` 对象的) **Inspector** 窗口里。
5. 在 **Hierarchy** 窗口中用鼠标右键单击（Mac 平台 Ctrl + 单击）`MapScene` 对象，从右键菜单里选择 **Create Empty**。重命名新对象为 `PlaceMarker`。
6. 在 **Hierarchy** 窗口中用鼠标右键单击（Mac 平台 Ctrl + 单击）`PlaceMarker` 对象，从右键菜单里面选择 **3D Object | Cylinder**。
7. 拖动这个新的 `PlaceMarker` 对象到 `Assets/FoodyGo/Prefabs`，使之成为一个新的预设。原来的那个对象可以继续留在场景里面，但是取消激活它（取消选中 Inspector 窗口对象名称旁边的复选框）。
8. 选择 `GooglePlacesAPI` 对象。拖动刚刚创建的 `PlaceMarker` 预设到空的 **Place Marker Prefab** 输入栏。
9. 保持 `GooglePlacesAPI` 对象是被选中的，填写以下属性，如下图所示：

Google 地点 API 服务配置

10. 确保输入了你自己生成的 API 密钥（在前面几节里生成的）。
11. 用鼠标右键单击（Mac 平台 Ctrl + 单击）Map 场景，在右键菜单里面选择 **Remove Scene**。当提示出现的时候，确保保存场景。
12. 在编辑器里按下 **Play** 按钮运行游戏，确保 GPS 服务设置为模拟模式。如果还是用的谷歌总部（37.62814，-122.4265）作为模拟开始坐标，那么应该可以看到许多的地标圆柱体出现在角色周围。

 如果在模拟的时候没有使用谷歌总部的坐标，看不到任何的地点，确保你使用的地点周围有很多饭店、便利店或者和食物相关的地点。如果还是有解决不了的问题，请参阅第 10 章，疑难解答。

当地点服务运行的时候，玩家可以看到他们周围的新物品。我们还没有支持玩家与周围的物品交互，不过肯定也不想就用圆柱体表示那些物品。我们需要制造好看的标记，下一节就做。

产生标记

通常来说当开发者做游戏或者场景原型的时候，他们忽略美学细节，就用一些丑陋的符号。在设计组提供更好看的素材之前这样通常够用了。既然我们没有专门的设计组，就直接上手做一些好看的标记吧。这对于即将创建的别的物品来说是一个很好的练习。

把 Map 场景拖动到 **Hierarchy** 窗口中，执行以下步骤来做一个升级版的 `PlaceMarker`：

1. 在 **Map** 场景里，找到 `PlaceMarker` 对象，选中它，在 **Inspector** 窗口里激活它（点选名字旁边的复选框）。
2. 选中 `Cylinder` 对象，重命名为 `Base`。在 **Inspector** 窗口中，设置对象的 **Transform | Scale** 为 X=.4, Y=.1, Z=.4，**Transform | Position** 为 X=0, Y=-.5, Z=0。单击 **Capsule Collider** 组件右上方的齿轮图标，选择 **Remove Component**，以删除这个组件。
3. 用鼠标右键单击（Mac 平台 Ctrl + 单击）`PlaceMarker`，从右键菜单里面选择 **3D Object | Cylinder**。重复这个步骤，重建 `Sphere` 和 `Cube` 子对象。

4. 按下表设置每个子对象的属性：

游戏对象	属性、组件	值
Cylinder	名称	Pole
	Transform Position	(0, 0.5, 0)
	Transform Scale	(.05, 1, .05)
	Capsule Collider	删除
Sphere	名称	Holder
	Transform Position	(0, 1.5, 0)
	Transform Scale	(.2, .2, .2)
	Sphere Collider	删除
Cube	名称	Sign
	Transform Position	(0, 2, 0)
	Transform Scale	(1, 1, .1)
	Box Collider	删除

5. 在 **Project** 窗口中用鼠标右键单击（Mac 平台 Ctrl + 单击）`Assets/FoodyGo` 文件夹，从右键菜单里面选择 **Create | Folder**。重命名这个新文件夹为 `Materials`。

6. 在 **Project** 窗口中选中这个新的 `Assets/FoodyGo/Materials` 文件夹，用鼠标右键单击（Mac 平台 Ctrl + 单击）这个空文件夹，从右键菜单里选择 **Create | Material**。重命名这个材质为 `Base`。重复这个过程，创建另外两个材质，分别命名为 `Highlight` 和 `Board`。

7. 从 **Project** 窗口里拖动 `Base` 材质到 **Hierarchy** 窗口的 `Base` 对象上。重复这个步骤，拖动 `Highlight` 材质到 `Pole` 和 `Holder` 上。最后，拖动 `Board` 材质到 `Sign` 对象上。

8. 这些新创建的材质还都是默认的白色，所以看起来没啥变化。不过我们已经制定不同的材质到对象上面了，所以接下来编辑材质的时候就能直接看到效果。

9. 在 **Project** 窗口中选择 `Base` 材质，然后转移到 **Inspector** 窗口。这个传统的属性编辑窗口现在变成了一个 shader 属性编辑器。如果不知道什么是 shader，别着急，下一节会讲。现在就编辑这个窗口的属性，让它和下图一样：

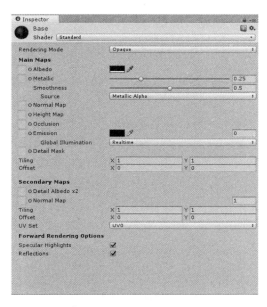

编辑 Base 材质的 shader 属性

10. 如果不确定，Base 材质的 **Albedo**（基础色彩）色彩应该是黑色的（#00000000）。另外注意，当你编辑这个材质的时候，PlaceMarker 的基础颜色属性会改变。

11. 如下表所示编辑这几个材质的属性设置：

材质	属性	值
Base	Albedo Color	#00000000
	Metallic	.25
Highlight	Albedo Color	#00FFE9FF
	Metallic	1
Board	Albedo Color	#090909FF
	Metallic	0
	Smoothness	0

12. 在 **Hierarchy** 窗口中选择 PlaceMarker 预设，单击 **Inspector** 窗口上部 **Prefab** 选项里面的 **Apply** 按钮。这会让所有的修改被更新到预设里（译注：如果不这么做，修改只是存在于场景里，预设里的对象并没有获得这些修改）。

13. 然后，在场景里取消激活这个对象。具体方法是，取消选中名称旁边的复选框（Inspector 窗口）。

14. 保存，并把 Map 场景从 Hierarchy 窗口中移除。
15. 在编辑器里按下 Play 按钮测试游戏。现在应该可以看到新的 PlaceMarker 在地图上出现，Scene 窗口如下图所示：

Scene 窗口的新 PlaceMarkers

刚刚构造的这个地标模型，应该看起来就像饭店的桌号牌和粉笔菜单牌的合并体。我们暂时会让菜单的部分空着，直到下一章允许玩家和地标交互。此时此刻，我们还有一些 Google Place API 搜索的问题要解决，请看下一节。

优化搜索

目前来说，我们的 Google Place API 服务做一次附近的东西搜索，在下一次地图重绘的时候返回一页（20个）详细的结果。当然，如果我们搜索区域超过 20 个地点，就会错过一些。我们可以改变请求来逐个搜索页面的处理结果，但是这样就意味着每一次地图重绘需要发出多个请求。别忘了，这个 API 可不是免费的；而且请求量的限制还挺紧。

幸运的是还有另一个方案，可以用来拿到玩家周围的地点。这个方案也支持雷达搜索。雷达搜索返回搜索区域的最多 200 个地点，但仅包含几何形状和 ID。这对我们来说也足够了，下面就来修改代码测试这种方案：

1. 在 **Project** 窗口里面，双击 `Assets/FoodyGo/Scripts/Services` 文件夹下面的 `GooglePlacesAPIService` 脚本，在编辑器里面打开它。

2. 下滑到 `IEnumerator SearchPlaces()` 方法，改变一下行为，如这里所示：

   ```
   // 需要改变的行
   var req = new WWW(GOOGLE_PLACES_NEARBY_SEARCH_URL + "?" +
       queryString);
   // 改变成雷达搜索
   var req = new WWW(GOOGLE_PLACES_RADAR_SEARCH_URL + "?" +
       queryString);
   ```

3. 保存文件修改，回到 Unity 编辑器；等待脚本被编译。

4. 按下 Play 按钮运行游戏，注意一切都和上一次基本一模一样。

5. 现在，装载 **Map** 场景到 **Hierarchy** 窗口中，然后浏览到 **MapScene | Services | GooglePlacesAPI** 对象。设定属性 **Visual Distance** 的值为 2000。保存并移除场景。

6. 在编辑器内测试游戏，注意这一次有一些地点标记在距离内但是不在地图上。显然 2000 作为可见距离（或者说搜索半径）太大了。那么应该用什么值才能只找到地图上的地标呢？简单地说，这取决于别的因素。

如果从视觉上看这个问题，也许可以给它找到一些可能的方案。请看以下示意图：

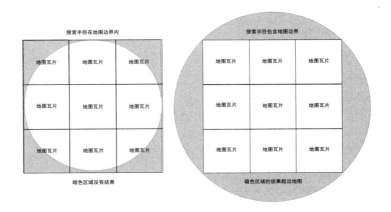

比较搜索半径和地图的覆盖效果

如上图所示，问题有两种，一种是努力减小搜索半径让它在地图边界内；一种是让它包含地图边界。如果搜索半径在地图边界内，那么一部分地图就没有地点被搜索到（暗色区域）。另一方面，如果半径包含边界，那么搜索结果会包含一些我们无法制图的位置（暗色区域）。在理想情况下，我们希望可以按照地图边界搜索，但不幸的是 Google Place API 不支持这么做。所以需要决定是做内部搜索还是包含搜索。

 绝大多数别的传统地图服务提供按范围框查找地图。这个范围框通常来说是设定最北和最南的点作为搜索参数。一些更加鲁棒和高级的地图服务也会提供按多边形查找。

我们来把这个问题解构成问题和方案列表，然后评估每一个方案的优点和缺点，见下表：

问题	方案	优点	缺点
搜索半径在地图边界内	搜索半径为地图的宽度	• 不需要过滤搜索结果	• 需要更频繁地搜索 • 沿对角线移动的玩家到角落时会看到地图上对象的突然改变
搜索半径包含地图边界	搜索半径为地图的对角线长度	• 更低频率地搜索 • 完全覆盖地图	搜索结果需要过滤

看着这个表，现在应该明显了，那就是包含搜索是更好的方案。我们需要修改一些代码，使用 `GPSLocationService` 类和 `GooglePlacesAPIService` 类，来实现搜索结果过滤。请执行以下步骤来更新脚本：

1. 选择菜单命令 **Assets | Import Package | Custom Package…**，当 **Import package** 对话框出现时，浏览到下载的源代码文件夹 `Chapter_7_Assets`，然后选择 `Chapter7_import2.unitypackage` 文件。现在之所以导出更新的脚本不是因为有很多改动，而是因为在一个很大的文件里有少许的改动。

2. 用编辑器打开 `GPSLocationService` 脚本，然后找到 `CenterMap` 方法。这个方法在每次重绘之后重新计算重要的地图参数。在这个文件的最后是一个给 `mapBounds` 变量计算的公式，如下：

```
lon1 = GoogleMapUtils.adjustLonByPixels(Longitude, -
    MapTileSizePixels*3/2 , MapTileZoomLevel);
lat1 = GoogleMapUtils.adjustLatByPixels(Latitude,
    MapTileSizePixels*3/2 , MapTileZoomLevel);
lon2 = GoogleMapUtils.adjustLonByPixels(Longitude,
```

```
    MapTileSizePixels*3/2 , MapTileZoomLevel);
lat2 = GoogleMapUtils.adjustLatByPixels(Latitude, -
    MapTileSizePixels*3/2 , MapTileZoomLevel);
mapBounds = new MapEnvelope(lon1, lat1, lon2, lat2);
```

3. 这段代码计算地图的经纬度边界。如果想阅读这之前的代码，请自助查看吧，毕竟距离上一次（第2章，映射玩家位置）看这段代码已经很久了。

4. 接下来在编辑器里打开 GooglePlacesAPIService 脚本。找到 UpdatePlaces 方法，大概就在文件靠近顶端的位置。UpdatePlaces 方法用来更新地图上地点的地方。此方法迭代搜索结果，放置每一个对象到地图上。在这个方法里，有如下代码：

```
if(GPSLocationService.Instance.mapBounds.Contains(new
    MapLocation((float)lon, (float)lat))==false)
{
  continue;
}
```

5. 这段代码是刚加上的。它使用了 GPSLocationService 类新的 mapBounds 字段来判断搜索结果的经纬度是不是在地图边界内。如果搜索结果超出边界，那个搜索结果就被跳过，整个循环使用 continue 语句跳过。

6. 按下 Play 按钮运行游戏。这一次在 Scene 窗口中，拉远摄像机到地图上方很远的地方，往下看。注意现在所有的地点都在地图边界内，如下图所示：

地图显示所有的地标都在地图边界内的场景视图

产生标记

现在 GooglePlacesAPIService 返回的结果覆盖了整张地图，也就解决了我们的搜索问题。建议，务必花一些时间检查剩下的代码，这样才能明白各个部分是怎么合到一起的。

总结

在这一章里，为了给游戏添加一些真实世界的特性，我们要琢磨地图模块。在添加新功能以前，需要解决从上一章末尾的代码修改中引入的一系列问题。这就要求我们把 GPS 服务转化为单件模型。在转变过程中，借机学习下单件是如何工作的。接下来我们花一点时间分析 Google Place API 服务，这个服务可以让我们定位玩家周边的兴趣点。这就要求我们生成一个 API 密钥，并且用 Hurl.it 学会如何给网络服务发送请求。使用 Hurl.it 来测试查询语句，然后理解怎么把返回的 JSON 对象在运行时用 TinyJson 转换成 C# 对象。导入脚本一切就绪后，在 Map 场景内设置了这个新服务。然后用基础的 3D 对象和自定义的材质构建了一个更好的地标原型。最后我们决定要解决搜索上的一些问题，并再次通过一个简单的脚本导入搞定。之后，测试改动，并对最终结果表示满意。

现在既然地图上出现地标了，下一章就允许玩家和这些标志互动，包括收集物品和摆放怪物。这就要求我们必须改进之前制作的库存界面。另外还会花额外的时间给游戏增加粒子系统和视觉特效。

第 8 章
与 AR 世界交互

虚拟游戏世界现在填充了基于真实世界的地点,我们想让玩家能够到达这些地点并且与这些地点交互。在这个游戏版本里,我们会允许玩家访问他身边的地点,并且努力推销他的烹饪怪物。如果这个地点,或者是饭店,喜欢玩家的厨师,它就会提出一个交易价格。然后玩家就可以接受成交,再去下一个地点。注意,如果玩家接受了交易,这个厨子就会被卖给饭店,成为饭店的怪物厨师。一个已经有怪物厨师的饭店就不会再购买更多的厨师,直到当前的厨师离职。一个厨师在一段时间后就会离职。

这一章,侧重于完成玩家与附近地点的交互过程。为了达到这点,我们会创建一个新的 Places 场景。这个场景允许玩家销售他们的怪物来收集新道具,比如冷冻球和经验值。这就得在**数据库**里面添加新的表格,来存储新物件,玩家经验、等级,还有记录一个地点的历史数据。另外,我们也会在这个过程中引入一些新的不那么明显的改进。准备就绪,这一章将会快速地覆盖这些内容,包括以下主题:

- Places 场景
- 用谷歌街景作为背景
- Google Place API 照片幻灯片
- 增加卖出的 UI 交互
- 卖出的游戏机制
- 更新数据库
- 把片段拼接起来

这章将会引入一些新元素，不过大部分新增的游戏内容都是以前章节讲过的概念的扩展而已。和以前一样，从上一章留下的地方开始。如果你是从前面的章节跳过来的，请参考本书第 8 章源代码部分。

Places 场景

这个场景将又是一个我们混合虚拟现实和真实世界的地方。就像 Catch 场景里，AR 交互建立在真实世界之上的游戏世界，在这里我们会做一些类似的设定，但是这一次使用的是谷歌街景作为背景。我们也会用标记里面的真实世界的照片来增强游戏的现实感。

开始创建新的场景，并在里面放置基本元素。步骤如下：

1. 从上一章留下的地方打开 FoodyGo 项目。如果跳过了上一章，需要参考从本书下载源代码里恢复项目的部分。
2. 按 Ctrl + N 组合键（Mac 平台使用 command + N 组合键）来建立新场景。
3. 按 Ctrl + S 组合键（Mac 平台使用 command + S 组合键）来保存场景。保存名为 `Places`。
4. 按 Ctrl + Shift + N 组合键（Mac 平台使用 command + shift + N 组合键）来创建空的游戏对象，重命名这个对象为 `PlacesScene`，并设置它的位置（transform）为 0。
5. 把 `Main Camera` 和 `Directional Light` 对象拖动到 `PlacesScene` 上，使它们成为子对象。
6. 在 **Hierarchy** 窗口中选择 `Main Camera` 对象。然后在 **Inspector** 窗口里，设置 **Transform Position** Y = 2，Z = -2。这是为了把相机提高并往前移动一点。
7. 选择菜单命令 **GameObject | UI | Panel**。这将在 **Hierarchy** 窗口中创建一个新的 Canvas 并且有一个子对象 `Panel`。选中这个 Canvas 对象。
8. 在 **Inspector** 窗口中找到 Canvas 组件，设置 **Render Mode** 为 **Screen Space - Camera**（屏幕坐标 - 摄像机）。然后在 **Hierarchy** 窗口里拖动 `Main Camera` 对象到这个 **Canvas** 组件的空白 **Render Camera** 属性栏。
9. 在 **Hierarchy** 窗口里选择 `Panel` 对象。然后在 **Inspector** 窗口里，修改 **Image** 组件的颜色为 #FFFFFFFF，方法是单击 color 栏，打开 **Color** 对话框并输入这个 16 进制数值。
10. 在 **Project** 窗口中的 `Assets/FoodyGo/Prefabs` 文件夹下定位到 `PlaceMaker` 预设。选择这个预设并按下 Ctrl + D 组合键（Mac 平台 command + D 组合键）来复制这个预设。重命名这个新预设为 `PlacesMarker`，拖动它到 **Hierarchy** 窗口。

11. 最后，拖动 Canvas 和 PlacesMarker 到 **Hierarchy** 窗口 PlacesScene 对象下面使它们成为子对象。**Game** 和 **Hierarchy** 窗口应该符合下面的截图：

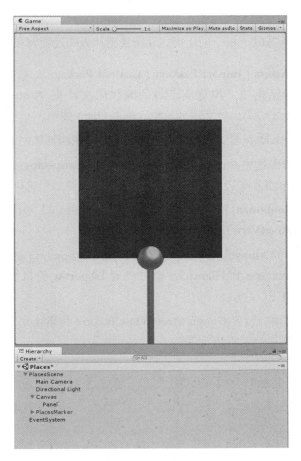

Places 场景开始的样子

这就完成了基本 Places 场景的设置。现在到下一节添加其他的 AR 元素，比如背景和标识。

用谷歌街景作为背景

类似于之前创建 Catch 场景时使用摄像头作为背景，我们想用真实世界的元素作为背景。但是不用摄像头，这个场景会使用谷歌街景。街景可以在不使用摄像头的情况下给场景提供有趣的背景内容。

在开始之前，需要创建一个 Google Maps API 密钥，就像之前章节做的一样。到这个指向**谷歌街景图片 API** 的 URL 来生成一个开发者密钥：https://developers.google.com/maps/documentation/streetview/。

开发者密钥生成之后，执行以下指令来使用谷歌街景图片 API 设置背景：

1. 选择菜单命令 **Assets | Import Package | Custom Package…** 来打开 **Import package** 对话框。在这个对话框里，浏览到下载的源代码文件夹 Chapter_8_Assets。选中 Chapter8_import1.unitypackage，单击 **Open** 按钮。

2. 当 **Import Unity Package** 对话框打开之后，确保所有东西都选中，然后单击 **Import** 按钮。

3. 在 **Hierarchy** 窗口中选中 Panel 对象。然后在对应的 **Inspector** 窗口中，删除 Image 组件。方法是单击 Image 组件旁边的齿轮图标，然后在下拉菜单里选中 **Remove Component**。

4. 选择菜单命令 **Component | UI | Raw Image**，这将在 Panel 里添加组件 **Raw Image**。重命名 Panel 为 **StreetViewTexturePanel**。

5. 在 **Project** 窗口中的 Assets/FoodyGo/Scripts/Mapping 文件夹里，拖动 GoogleStreetViewTexture 到 **Hierarchy** 窗口或者 **Inspector** 窗口中的 StreetViewTexturePanel 对象上。

6. 在 **Inspector** 窗口中，设置 **Google Street View Texture** 的属性如下图所示：

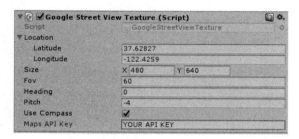

Google Street View Texture 组件的设置

7. 按下编辑器的 Play 按钮，注意背景此刻已经变成了谷歌办公室外面的街道。

8. 选择菜单命令 **File | Build Settings…**，然后单击 **Add Open Scenes** 按钮来把 Places 场景添加到 **Scenes in Build**（场景生成列表）。然后取消选中其他的场景，如下图的 **Build Settings** 对话框所示：

为在设备上运行 Places 场景而更新的生成设置

9. 生成并部署游戏到移动设备上。在设备运行时，旋转设备，观察背景的改变。背景将和手机的朝向一致。

在有街景地图的地方，使用谷歌街景图片 API 作为背景贴图是绝妙的方法。然而不是所有的地点（经纬度）都有街景图片，这种时候可以修改一下背景图片的来源，不过这里暂且这样。

GoogleStreetViewTexture 脚本和早先开发的谷歌地点和 Google Maps API 脚本差不多。打开这个脚本文件，查看一下主要的执行查询的方法，如下所示：

```
IEnumerator LoadTexture()
{
    var queryString = string.Format(
            "location={0}&fov={1}&heading={2}&key={3}&size={4}x{5}&
                pitch={6}"
            , location.LatLong, fov, heading, MapsAPIKey, size.x,
                size.y, pitch);

    var req = new WWW(GOOGLE_STREET_VIEW_URL + "?" + queryString);
    // yield 直到服务响应
    yield return req;
    // 首先销毁旧的图片
```

用谷歌街景作为背景

```
Destroy(GetComponent<RawImage>().material.mainTexture);
// 设置返回的图片为瓦片贴图
GetComponent<RawImage>().texture = req.texture;
GetComponent<RawImage>().material.mainTexture = req.texture;
}
```

就像上面说过的，这个方法看起来和早先用来访问别的谷歌 API 的方法非常类似。那么就来关注一下提交给 API 的查询参数：

- `location`：逗号分隔的经纬度。稍后当我们把脚本连接上 GPS 服务后，它会自动填充这些值。
- `fov`：这是图片的可视区域，用角度表示，相当于缩放倍数。使用 60，表示一个自然的窄视角，来符合设备的屏幕尺寸。
- `heading`：这是罗盘的指向，单位是向北的度数(译注：范围是 0 到 360，表示从北方顺势针转过来的度数，参考 https://developers.google.com/maps/documentation/embed/guide#street_view_mode)。当这个选项被启用的时候，允许用设备的罗盘指向设置这个值。否则它就是 0。
- `size`：这个表示请求的图片的大小。最大的尺寸是 640×640。设置为 430×640，是因为采取了纵版视角。
- `pitch`：这个是高于或者低于地平线的角度。合理的值是从 -90 到 90。我们用 -4 来在街景图片里面包含一部分地面。
- `key`：这是你生成的谷歌街景 API 的密钥。

请随意按照你的节奏查看其余的 `GoogleStreetViewTexture` 脚本。你会发现它们和我们在谷歌地点和地图脚本里面做得差不多。下一节讲针对 Google Place API 的额外查询。

Google Place API 照片幻灯片

在上一章中，为了在地图上按照雷达区域填充地标使用了 Google Place API。现在，让玩家与一个地标交互的时候，我们希望他们可以看到关于这个地点的视觉信息。可以执行对这个地点的详细查询来做到这一点，返回结果是详细信息和附属照片。当玩家访问这个地点的时候，这些照片可以被用来创建幻灯片效果。

除了幻灯片，还会添加一段文字，包括地点名和当前的打分级别。稍后用这个打分级别来决定一个地点以什么价格购买什么样的烹饪怪物。

需要上一章生成的 Google Place API 密钥来完成下一部分的配置。如果跳过了上一章，你得回去学习上一章如何生成 API 密钥的过程。

开始往场景里添加需要的元素，如下所示：

1. 回到 **Places** 场景，在 **Hierarchy** 窗口里找到 `PlacesMarker`。

2. 在 **Hierarchy** 窗口中展开 `PlacesMarker`，选择 `Sign` 对象。按下 Ctrl + D 组合键（mac 平台 command + D 组合键）来复制这个对象，重命名新对象为 **Photo**。

3. 保持 **Inspector** 窗口是新创建的 `Photo` 对象，修改 **Mesh Renderer | Material**，单击输入栏旁边的靶心图标，打开 **Select Material** 对话框。然后滚动到底部，选择 **Default-Material**。选中后，关闭对话框，确认材质已经被更改。

4. 修改 `Photo` 对象的 **Transform** 属性，如下图所示：

Photo 对象的属性

5. 选中菜单命令 **GameObject | UI | Canvas** 来创建新的 `Canvas` 对象。在 **Hierarchy** 窗口中拖动 `Canvas` 对象到 `PlacesMarker` 上。把画布（Canvas）对象添加到 `PlacesMarker` 对象上以便能直接在后者上添加文字。

6. 保持 **Inspector** 窗口是刚创建的 `Canvas` 对象。改变 **Canvas | Render Mode** 为 **World Space**，并修改别的属性与下图所示的一致：

> 在更改 **Canvas | Render Mode** 为 **World Space** 之后，需要手动设置 **Rect Transform** 的所有属性。

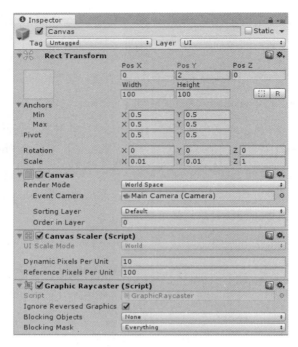

World Space 画布设定

7. 用鼠标右键单击（Mac 平台 Ctrl + 单击）Canvas 对象，在下拉菜单里选择 UI | Text。重命名新元素为 **Header**。

8. 在 **Inspector** 窗口中，设置 Header 对象的属性如下：

    - **Rect Transform: Pos Z** = `-.1`（Z 坐标）
    - **Rect Transform: Width** = `90`，**Height** = `70`（宽，高）
    - **Text: Font Size** = `10`（字体尺寸）
    - **Text: Paragraph Alignment** = `Left and Bottom`（左下）
    - **Text: Color** = `#FFFFFFFF`（白色）

9. 在 **Hierarchy** 窗口中选中 Header 对象，按下 Ctrl + D 组合键（Mac 平台 command + D 组合键）来复制这个对象。重命名新对象为 **Rating**（级别）。

10. 选中这个新的 Rating 对象，在 Inspector 窗口里，属性设置如下：

- **Rect Transform: Height** = `90`（高度）
- **Text: Font Size** = `7`（字体尺寸）

- **Text: Font** = fontawesome-webfont
- **Text: Paragraph Alignment** = Right and Bottom（右下）
- **Text: Color** = #00FFFFFF(青色)

11. 选中 Rating 对象，按下 Ctrl + D 组合键（Mac 平台 command + D 组合键）来复制这个对象。在 **Inspector** 窗口中重命名新对象为 **Price**（标价）。设置 **Text** 组件的 **Paragraph Alignment**（段落对齐）为 **Left - Bottom**（左下）。

12. 从 **Project** 窗口中拖动 Assets/FoodyGo/Scripts/UI 文件夹下的 GooglePlaces-DetailInfo 脚本到 **Hierarchy** 窗口的 PlacesMarker 上。

13. 在 **Hierarchy** 窗口中选中 PlacesMarker。然后拖动以下对象到 **Inspector** 窗口中的 **Google Places Detail Info** 组件里：

    - **Photo Panel**：位于 **PlacesMarker | Photo** 的 Photo 对象
    - **Header**：位于 **PlacesMarker | Canvas | Header** 的 Header 文本对象
    - **Rating**：位于 **PlacesMarker | Canvas | Rating** 的 Rating 文本对象
    - **Price**：位于 **PlacesMarker | Canvas | Price** 的 Price 文本对象

14. 其他属性的设置如下图所示：

Google Places Detail Info 组件的设置

 这里所使用的 **Place Id** 的值是 ChIJ7cdd3ed5j4AR7NfUycQnKvg。也可以使用别的 ID，只要手动做一下 Google Place API 附近搜索就可以了，就像上一章做的那样。

15. 最后，在 **Inspector** 窗口中单击 **Prefab** 选项旁边的 **Apply** 按钮，保存 PlacesMarker 预设。

16. 单击 Play 按钮运行场景。现在的场景看起来有明显的拼接痕迹，但是足够展示我们刚刚添加的内容。多等一会儿，观察标牌上的照片幻灯片播放。以下是 **Game** 窗口运行的一个屏幕截图：

Game 窗口运行的 Places 场景

看吧,场景在逐渐改善。下面快速地看一下 GooglePlacesDetailInfo 脚本里面的几个主要方法。从 LoadPlacesDetail 方法开始:

```
IEnumerator LoadPlacesDetail()
{
    var queryString = string.Format("placeid={0}&key={1}", placeId,
        PlacesAPIKey);
    var req = new WWW(GOOGLE_PLACES_DETAIL_URL + "?" + queryString);
    // yield 直到服务返回
    yield return req;
    var json = req.text;
    ParseSearchResult(json);
}
```

现在差不多觉得这个协程里面的代码已经是旧戏法了吧。这段代码和上一章用在谷歌地点雷达搜索的非常类似。第一行,构造 querystring 变量,URL 参数包括 placeid 和密钥。placeid 是地点的 id,密钥毫无疑问就是 Google Place API 密钥。

当这个脚本请求一个地点的详细信息以后，它设置标题文本和级别。如果这个地点有照片，它就查询 Google Place API 的照片端点，正如 LoadPhotoTexture 方法所示：

```
private IEnumerator LoadPhotoTexture(Photo photo)
{
    var queryString = string.Format("photoreference={0}&key={1}&
        maxwidth=800", photo.photo_reference, PlacesAPIKey);

    var url = GOOGLE_DETAIL_PHOTO_URL + "?" + queryString;
    var req = new WWW(url);
    // yield 直到服务返回
    yield return req;
    // 首先销毁旧的贴图
    Destroy(photoRenderer.material.mainTexture);
    // 设置返回的图片为瓦片贴图
    photoRenderer.material.mainTexture = req.texture;
}
```

这段代码和本章之前做的加载街景贴图的部分非常接近。主要的差别就是传递的参数。端点只需要 3 个参数：一个 photoreference（差不多就是 ID 的意思）、key（还是密钥）和 maxwidth（最大宽度，或者 maxheight，最大高度）。photoreference 的值可以从上一条查询里提取出来。

查看的最后一个方法就是这个播放幻灯片的协程，叫作 SlideShow：

```
private IEnumerator SlideShow(Result result)
{
    while(doSlideShow && idx < result.photos.Count - 1)
    {
        yield return new WaitForSeconds(showSlideTimeSeconds);
        idx++;
        StartCoroutine(LoadPhotoTexture(result.photos[idx]));
    }
}
```

传入这个方法的 Result 参数是结果对象，它描述了这个地点。在这个方法里是一个不断的 while 循环，判断 doSlideShow 是否为 true，并且 result 是否有剩余照片要展示。idx 是当

Google Place API 照片幻灯片

前展示照片的序号，从 0 开始。正如你看到的，`result` 变量有一个属性叫作 `photos`，是一个数组，表示所有那个地点的照片的 `photoreference` 值。在 while 循环里，比较当前的序号（`idx`）和照片的总数。如果还有更多的照片，那就执行循环。循环的第一条语句让这个过程 yield 一段时间，时间长短由 `showSlideTimeSeconds` 控制。之后序号增加 1 并且加载下一张照片。

既然背景和地点标志都管用了，现在就在下一节添加卖出怪物的交互逻辑。

增加卖出的 UI 交互

在本章开头曾说过，玩家可以走到一个地点，单击某个按钮开始卖出怪物的过程。这个地点或者饭店就会查看玩家的怪物，给觉得最好的怪物一个报价。然后玩家可以单击 **Yes** 按钮接受报价或者单击 **No** 按钮拒绝报价。即使是这样简单的流程，也有很多的元素要搭建，尤其是 UI 部分。

把 UI 拆分成几个部分，这样会容易理解。第一部分是添加 UI 画布以及主要的按钮，如下所示：

1. 选择菜单命令 **GameObject | UI | Canvas**。重命名新画布为 **UI_Places**。如果你数过就会发现，这个是本场景第三个画布；每个画布都渲染在不同的空间（屏幕空间-叠加层，屏幕空间-摄像机，世界空间）。

2. 选择新画布，在 **Inspector** 窗口里，改变 **Canvas Scaler**（画布缩放）组件的属性如下：

    - **Canvas Scaler: UI Scale Mode** = `Scale with Screen size`（跟随屏幕尺寸缩放）
    - **Canvas Scaler: Reference Resolution**：X = 500，Y = 900（参考分辨率）

3. 用鼠标右键单击（Mac 平台 Ctrl + 单击）`UI_Places` 对象，从右键菜单里选择 **UI | Button**。重命名新按钮 `SellButton`。

4. 在 **Hierarchy** 窗口中展开 `SellButton`，选择 `Text` 对象。按 Delete 键删除这个 `Text` 对象。

5. 在 **Hierarchy** 窗口中选中 `SellButton`，按下 Ctrl + D 组合键（Mac 平台使用 command + D 组合键）来复制这个按钮。重命名新按钮为 **ExitButton**。

6. 对每一个按钮，按下表更改组件属性：

按钮	属性	值
SellButton	Rect Transform - Anchors	Top-Center pivot and position
	Rect Transform - Pos Y	-130
	Rect Transform - Width, Height	100
	Image - Source Image	button_set03_a
ExitButton	Rect Transform - Anchors	Button-Center pivot and position
	Rect Transform - Pos Y	10
	Rect Transform - Width, Height	75
	Image - Source Image	Button_set11_b

这样就完成了给界面添加按钮。暂时不用操心把按钮连接起来。继续添加剩下的 UI 元素。接下来做 OfferDialog（报价意向对话框）：

1. 在 **Hierarchy** 窗口中用鼠标右键单击（Mac 平台 Ctrl + 单击）UI_Places 画布，从右键菜单里面选择 **UI | Panel**。重命名这个新面板对象 OfferDialog。这将是所有的对话框成员的父亲对象。

2. 在 **Hierarchy** 窗口中选中 OfferDialog 面板，选择菜单命令 **Component | Layout | Vertical Layout Group**。然后选择菜单 **Component | UI | Effects | Shadow**。

3. 在 **Inspector** 窗口中，设置 **Rect Transform**、**Image** 和 **Vertical Layout Group** 组件的属性如 197 页上图所示：

4. 在 **Hierarchy** 窗口中用鼠标右键单击（Mac 平台 Ctrl + 单击）OfferDialog，从右键菜单里面选择 **UI | Panel**。重命名新的面板 PromptPanel。

5. 在 **Hierarchy** 窗口中选中 PromptPanel，按下 Ctrl + D 组合键（Mac 平台使用 command + D 组合键）来复制这个对象。再重复这个操作两次，最后总共有 3 个新的面板。分别重命名新面板为：MonsterDetailPanel、OfferPanel 和 ButtonPanel。

6. 观察布局内部的面板自动调整以均匀的填充空间。现在大概知道怎样添加布局并构建 UI 层次了，继续构建这个对话框，按下表设定：

面板	UI 层次结构	组件	属性	值
PromptPanel		Image: 删除组件		
	PromptText [Text]	Text	Text	Do you want to sell?
		Text	Font Size	18

续表

面板	UI 层次结构			组件	属性	值
MonsterDetailPanel				Vertical Layout Group	Spacing	10
	HeaderPanel [Panel]			Horizontal Layout Group	Left, Right,Top, Bottom, Spacing	10
		Name Text [Text]				
	DescriptionPanel [Panel]			Horizontal Layout Group	Left, Right,Top, Bottom, Spacing	10
		CP [Text]		Text	Text	CP:
				Text	Font Style	Bold
		CPText [Text]				
		Level [Text]		Text	Text	Level:
				Text	Font Style	Bold
		LevelText [Text]				
	SkillsPanel [Panel]			Horizontal Layout Group	Left, Right,Top, Bottom, Spacing	10
		SkillsText [Text]		Text	Text	Skills
OfferPanel				Vertical Layout Group	Left, Right,Top, Bottom, Spacing	10
	OfferText [Text]					
ButtonPanel				Horizontal Layout Group		
	YesButton [Button]					
		Text		Text	Text	Yes
	NoButton [Button]					
		Text		Text	Text	No

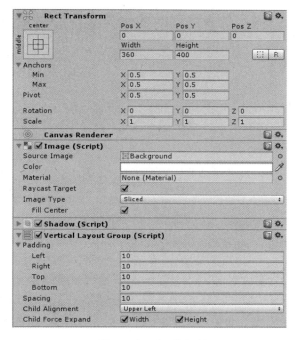

OfferDialog 组件属性

7. 检查最后构建的结果是不是和以下对话框和层次一样：

完成后的 OfferDialog 和它对应的对象层次

完成 `OfferDialog` 之后，就能快速地添加 `RefuseDialog`，步骤如下：

1. 在 **Hierarchy** 窗口中选中 `OfferDialog`，按下 Ctrl + D 组合键（Mac 平台使用 command + D 组合键）来复制这个对话框。重命名新对话框为 `RefuseDialog`。
2. 在 **Inspector** 窗口中，设置 **Rect Transform - Height** = 150。
3. 展开 `RefuseDialog`，删除 `MonsterDetailPanel` 和 `OfferPanel`。

4. 在 **Hierarchy** 窗口中展开 `PromptPanel`，然后选中 `PromptText`。在 **Inspector** 窗口中，设置 **Text - Text** 为 `This place will not be making an offer for any of your current stock!`（译注：这段话的意思是这个地点不会为你的库存提供报价）。

5. 在 **Hierarchy** 窗口中展开 `ButtonPanel`，删除它的其中一个按钮，随便哪个都行。重命名剩下的按钮为 `OKButton`。展开这个按钮，选择子对象 `Text`，在 **Inspector** 窗口里，设置 **Text - Text** 为 `OK`。

6. 最后，在 **Hierarchy** 窗口里拖动 `UI_Places` 对象到 `PlacesScene` 对象上，使之成为根场景的子对象。

既然 UI 元素都构建好了，我们就来连接需要的脚本，以完成该场景的卖出交互过程。请按照以下指令来添加这些组件脚本：

1. 从 **Project** 窗口中的 `Assets/FoodyGo/Scripts/Controllers` 文件夹下，拖动 `PlacesSceneUIController` 脚本到 **Hierarchy** 窗口中的 `UI_Places` 对象上。

2. 选中 `UI_Places` 对象，拖动 `SellButton`、`OfferDialog` 和 `RefuseDialog` 到 **Inspector** 窗口中 **Places Scene UI Controller** 组件下的对应属性栏。

3. 从 **Project** 窗口中的 `Assets/FoodyGo/Scripts/UI` 文件夹下，拖动 `MonsterOfferPresenter` 脚本到 **Hierarchy** 窗口中的 `OfferDialog` 对象上。

4. 选中 `OfferDialog` 对象，拖动 `NameText`、`CPText`、`LevelText`、`SkillsText` 和 `OfferText` 到 **Inspector** 窗口里 **Monster Offer Presenter** 组件的对应属性栏。

5. 从 **Project** 窗口中的 `Assets/FoodyGo/Scripts/Controllers` 文件夹下，拖动 `PlacesSceneController` 脚本到 `PlacesScene` 根对象上。

6. 选中 `PlacesScene` 对象，拖动 `StreetViewTexturePanel`、`PlacesMarker` 和 `UI_Places` 对象到 **Inspector** 窗口 **Places Scene Controller** 组件的对应属性栏，如下图所示：

Places Scene Controller 组件的对象设置

7. 在 **Hierarchy** 窗口中选中 `ExitButton`，然后在 **Inspector** 窗口中，单击加号添加一个新的事件处理器。然后拖动 `PlacesScene` 对象到这个对象栏，打开函数下拉列表，选中 **PlacesSceneController.OnCloseScene**，如下图所示：

ExitButton 事件处理器设定

8. 对 `SellButton` 重复这个过程，只是这次在函数下拉列表里选用 **PlacesSceneController.OnClickSell**。

9. 选中 `YesButton` 来添加事件处理器。拖动 `UI_Places` 对象到对象栏，选择 `PlacesSceneUIController.AcceptOffer()` 函数。

10. 选中 `NoButton` 来添加事件处理器。拖动 `UI_Places` 对象到对象栏，选择 `PlacesSceneUIController.RefuseOffer()` 函数。

11. 选中 `OKButton` 来添加事件处理器。拖动 `UI_Places` 对象到对象栏，选择 `PlacesSceneUIController.OK()` 函数。

这样这个场景就连接起来了。现在需要添加几个服务以至于 Places 场景能独立运行起来。执行以下步骤来添加服务：

1. 在场景里添加新的空游戏对象，叫作 `Services`。拖动它到 `PlacesScene` 对象上面，使之成为根场景对象的子对象。

2. 添加两个子对象到 `Services` 下，分别叫作 `Inventory` 和 `MonsterExchange`。

3. 从 **Project** 窗口中的 `Assets/FoodyGo/Scripts/Services` 文件夹，拖动 `InventoryService` 脚本到 `Inventory` 对象上面，拖动 `MonsterExchangeService` 脚本到 `MonsterExchange` 对象上面。

4. 按 Play 按钮运行场景。尝试单击 Sell 按钮以及别的按钮。注意到目前还不能卖出怪物，但是 UI 应该能按预想的方式工作。毫无疑问 `ExitButton` 除外。

到这儿就完成了场景所需的 UI 元素了，对于一个简单的场景来说，真是好多的元素。这还只是一个基本的 UI，作为一个开发者，这是你的选择和责任，来扩展或者定制个性 UI。请随意探索和改变 UI 对话框。你也许注意到，当玩家卖出完成后我们还没有给玩家任何反馈。这里留给开发者来决定是否添加一个新的对话框，或者音效。

下一节，仔细分析 `MonsterExchangeService` 来研究怪物是怎么样被估值的。

卖出的游戏机制

在游戏开发者热衷于做的事情里,排在前列的一定会有创造游戏机制和游戏算法。除了游戏机制之外,再也没有更聪明的方法能把游戏、虚拟世界和别人的区别出来。作为游戏开发者和设计者,有很多定义游戏机制的选择,包括创造超级武器、超级生物、有物理效果的世界,甚至只是卖出烹饪怪物。通常来说,最好把事情弄得非常简单,按照这条原则设计游戏机制。

MonsterExchangeService 是给玩家库存的怪物提供估值的服务。与其查看 MonsterExchangeService 的实际代码,不如来看一些简单的伪代码,这样比较容易理解:

```
MonsterOffer PriceMonsters(PlaceResult result)
{
  // 从库存里面拿到玩家的怪物
  var monsters = InventoryService.ReadMonsters();
  // 循环这个地点的所有评价,
  // 把所有文本平在一个字符串里
  var reviews = string.empty;
  foreach(var r in result.reviews)
  {
    reviews += r.text + " ";
  }

  // 循环所有怪物,给每一个怪物一个估值分数
  List<MonsterOffer> offers = new List<MonsterOffer>();

  // 计算每个地点的能够用来购买烹饪怪物的预算
  var budget = result.rating * result.price * result.types * 100;

  foreach(var m in monsters)
  {
    var value = 0;
    // 每多一个和评价里面的技巧匹配的技巧就增加一个额外估值
    // 比如说,怪物技能是比萨,地点评价里面提到了比萨 5 次,那就是
    //   500 额外估值
    value += CountMatches(m.skills, reviews)*100;
```

```
    // 添加烹饪 power 值
    value += m.power * m.level * 100;
    if(budget > value)
        // 给这个怪物一个出价意向
        offers.Add(new MonsterOffer{ Monster = m, Value = value });
}
offers.sort(); // 从小到大给出价意向排序
offers.reverse(); // 翻转这个顺序，让最大的报价在前面

return offer[0]; // 返回最高报价
}
```

这里使用的算法相当简单。一个小调整就是有的怪物的技能也是饭店被评价的技能，尽量给这样的怪物一些附加估值。如果打开 MonsterExchangeService 脚本，你会注意到那儿的代码也是差不多这样的。当然，如果想修改这个游戏机制，请尽管尝试。当我们给每个烹饪怪物一个估值数字后，暂时不用操心怎么把这个数字转换成游戏内的名称，除非要把这个意向显示给玩家看。当显示给玩家看的时候，MonsterExchangeService 会通过 ConvertOffer 方法把这个数字转化成经验值和道具。

不需要查看 ConvertOffer 的实现细节，因为它只是简单地按分段把这个值分成一份份的，就像找零钱算法一样。以下是脚本里面定义的一些分段：

- 1000：氮气球
- 250：干冰球
- 100：冰球

比如如果一个出价意向是 2600，ConvertOffer 就把这个数字分成以下部分：

- 2：氮气球（2000）
- 2：干冰球（500）
- 1：冰球（100）
- 260 经验值：经验值就是出价的 1/10

顺便说一下，请随意打开 MonsterExchangeService 脚本，添加新道具或者改变数值。现在我们明白了烹饪怪物的估值机制，需要在下一节继续执行这个交易。

卖出的游戏机制

更新数据库

在测试 Places 场景 UI 的时候你很可能已经注意到了，还没法卖出怪物。这是因为还需要在数据库里（库存）添加一些表格。值得庆幸的是我们的数据库是一个 ORM（对象关系模型），所以创建一个新表易如反掌。

在编辑器里，打开 Assets/FoodyGo/Scripts/Services 文件夹下的 InventoryService 脚本。下滑到 CreateDB 方法，然后按照下面加黑的那行下面的新代码来创建新表：

```
Debug.Log("DatabaseVersion table created."); // 找到这一行，从这儿开始
// 创建 InventoryItem 表格
var iinfo = _connection.GetTableInfo("InventoryItem");
if (iinfo.Count > 0) _connection.DropTable<InventoryItem>();
_connection.CreateTable<InventoryItem>();
// 创建玩家（Player）表格
var pinfo = _connection.GetTableInfo("Player");
if (pinfo.Count > 0) _connection.DropTable<Player>();
_connection.CreateTable<Player>();
```

这段代码添加新表 InventoryItem 和 Player 到数据库里。紧接着下滑到同样方法里更下面一点的地方，看看下面加黑的那行后面的代码来创建一个新的起始玩家：

```
Debug.Log("Database version updated to " + DatabaseVersion); // 从这里开始
_connection.Insert(new Player
{
    Experience = 0,
    Level =1
});
```

在 CreateDB 里添加新表格和填充一个起始玩家之后，需要更新 UpgradeDB 方法。用下面的代码替代老的 UpgradeDB。

```
private void UpgradeDB()
{
    var monsters = _connection.Table<Monster>().ToList();
```

```csharp
    var player = _connection.Table<Player>().ToList();
    var items = _connection.Table<InventoryItem>().ToList();
    CreateDB();
    Debug.Log("Replacing data.");
    _connection.InsertAll(monsters);
    _connection.InsertAll(items);
    _connection.UpdateAll(player);
    Debug.Log("Upgrade successful!");
}
```

当一次数据库更新发生时，UpgradeDB 方法就会运行。它会首先保存当前表格到临时变量里面，然后 CreateDB 会创建新表格，最后数据会被插回或者更新回数据库。能够以这种方式更新数据库允许我们给对象添加新的属性。尽管如此，我们没办法删除或者重命名已有的属性，因为这会弄坏已经创建的对象。

既然表格都创建好了，来给表格 InventoryItem 和 Player 添加 CRUD 方法。滑动到 InventoryService 文件的底部，看下面的新方法：

```csharp
// InventoryItem 的 CRUD
public InventoryItem CreateInventoryItem(InventoryItem ii)
{
    var id = _connection.Insert(ii);
    ii.Id = id;
    return ii;
}

public InventoryItem ReadInventoryItem(int id)
{
    return _connection.Table<InventoryItem>()
            .Where(w => w.Id == id).FirstOrDefault();
}

public IEnumerable<InventoryItem> ReadInventoryItems()
{
    return _connection.Table<InventoryItem>();
}
```

更新数据库

```
public int UpdateInventoryItem(InventoryItem ii)
{
    return _connection.Update(ii);
}

public int DeleteInventoryItem(InventoryItem ii)
{
    return _connection.Delete(ii);
}
```

这段代码看起来和之前章节怪物的 CRUD 代码一样。现在看 Player 的 CRUD 代码。

```
// Player 的 CRUD
public Player CreatePlayer(Player p)
{
    var id = _connection.Insert(p);
    p.Id = id;
    return p;
}

public Player ReadPlayer(int id)
{
    return _connection.Table<Player>()
        .Where(w => w.Id == id).FirstOrDefault();
}

public IEnumerable<Player> ReadPlayers()
{
    return _connection.Table<Player>();
}

public int UpdatePlayer(Player p)
{
    return _connection.Update(p);
```

```
}

public int DeletePlayer(Player p)
{
    return _connection.Delete(p);
}
```

你也许会想，为什么需要给玩家所有的 CRUD 方法。之所以这么做，是为了让游戏以后可以支持多人模式，或者允许玩家选择不同的角色来玩，或者甚至允许多人一起玩。

下面回到 **Places** 场景，运行一次数据库更新，让所有表格都就位。确定保存了所有的脚本，回到 Unity 编辑器里。在 **Hierarchy** 窗口中找到并选中 InventoryService 对象，在 **Inspector** 窗口中，更新 **Inventory Service - Database Version**（库存服务-数据库版本号）到 1.0.1（假设当前的版本是 1.0.0）。在编辑器里运行 **Places** 场景，检查 **Console** 窗口，在日志里查找 **Upgrade Successful** 消息以确保数据库被正确地更新了。

 任何时候需要更新数据库，只要增加这个版本号到更大的值。比如版本 1.0.3 比 1.0.1 大；版本 2.0.0 比 1.0.22 大。

现在 InventoryService 和数据库都更新了，下面需要执行玩家的这笔交易：怪物交给地点，收获经验和道具作为回报。在编辑器里面打开 PlacesSceneUIController 脚本，下滑到 AcceptOffer 方法：

```
public void AcceptOffer()
{
    OfferDialog.SetActive(false);
    SellButton.SetActive(true);

    var offer = CurrentOffer;
    InventoryService.Instance.DeleteMonster(offer.Monster);
    var player = InventoryService.Instance.ReadPlayer(1);
    player.Experience += offer.Experience;
    InventoryService.Instance.UpdatePlayer(player);
    foreach(var i in offer.Items)
    {
        InventoryService.Instance.CreateInventoryItem(i);
    }
```

}

这段代码的头两行只是激活和取消激活对话框和按钮。然后使用那些 CRUD 方法来把怪物从库存里面移除。接下来更新玩家的经验值，并且把道具添加到玩家的 `InventoryItem` 表格。这一章不会使用这些新道具，不过我们至少有个地方保存新物品。

回到 Unity，运行 **Places** 场景。现在尝试卖出怪物。你应该注意到怪物被卖给了地点。重复验证几次，多卖几个怪物看看。每次卖出一个新的怪物，它们很可能拥有新的名字和技能。

> 当你从编辑器里运行游戏的时候，InventoryService 会保证库存里总是有一个随机的怪物。这是用来调试的。话虽如此，万一遇到一个地方不能够买你的最后一个怪物，你就无法进行测试了。请参考第 10 章，疑难解答，找到检查和直接修改数据库的提示。

Places 场景就这么完成了。请随意扩展场景的元素，怎么扩展都行。下一节，将把 **Places** 场景添加进游戏并允许玩家访问一个地点。

把片段拼接起来

现在完成了 Places 场景，我们需要把这个场景整合到游戏场景里去。按如下步骤配置 Places 场景，让它能够被 `GameManager` 加载：

1. 从 **Project** 窗口中的 `Assets` 文件夹，拖动 **Game** 场景到 **Hierarchy** 窗口中。
2. 在 **Places** 场景里选中 `Inventory` 服务，在 **Inspector** 窗口中注意在 **Inventory Service - Database Version** 里面设的是什么值。然后在 **Game** 场景中选中 `Inventory` 服务，设置它的 **Inventory Service - Database Version** 为同样的值。

   > 如果不做这步，数据库有可能损坏，从而导致对象更新会清空整个数据库。对我们来说在这里这没啥大不了的，但是如果真的这样推出一款游戏的更新那就会对玩家造成很大的不便了。

3. 因为只需要一个 `Inventory` 服务，选中 **Places** 场景里的 `Inventory` 服务，按 Delete 删除它。同样，选择并删除 **Places** 场景里的 `Event System` 对象。
4. 在 **Hierarchy** 窗口里选择 `PlacesScene` 对象，在 **Inspector** 窗口里取消选中对象名称旁边的复选框来取消激活它。关闭这个根对象，因为将会在场景开始的时候加载它。
5. 用鼠标右键单击（Mac 平台 Ctrl + 单击）**Places** 场景，在右键菜单里选择 **Remove Scene**。确保保存场景里的所有修改。

6. 在 **Hierarchy** 窗口中选中 _GameManager 对象，在 **Inspector** 窗口中设置 **Game Manager - Places Scene Name** 属性为 `Places`。

7. 选择菜单命令 **File | Build Settings** 来打开 **Build Settings** 对话框。确保所有场景都被添加了，而且都被选中，如下图所示：

添加了 Places 场景之后的 Build Settings 对话框

如果现在在编辑器里运行游戏，很不幸，你还是无法单击一个地点的按钮来打开 `Places` 场景。这是因为我们需要允许让 `PlaceMarker` 拥有碰撞体的功能，这点在上一章省略了。执行以下步骤来给 `PlaceMarker` 添加碰撞体和其他设定：

1. 从 `Assets/FoodyGo/Prefabs` 文件夹里把上一章制作的 `PlaceMarker` 预设拖动到 **Hierarchy** 窗口中。注意我们修改的是 `PlaceMarker` 而不是这一章更新的 `PlacesMarker`。

2. 在 **Hierarchy** 窗口中选择 `PlaceMarker`，然后选择菜单命令 **Component | Physics | Box Collider**。

3. 双击 `PlaceMarker` 让场景窗口对准 `PlaceMarker` 对象。在这个对象的底部会看到一个绿色的箱体，这就是碰撞体。

4. 在 **Inspector** 窗口里，设置 **Box Collider - Center** 和 **Size** 为如下所示的值：

- **Box Collider: Center**:X = 0,Y = 2,Z = 0
- **Box Collider: Size**:X = 1,Y = 1,Z = .2

5. 现在,设置该对象的层次为 **Monster**。当画面出现提示的时候,不要改变子对象,因为碰撞体只是在顶层对象上面。其实应该给我们的碰撞检测创建一个新层次,但是目前来说这样就够了。

6. 检查一下屏幕截图,确保 **Inspector** 窗口中的对象属性是一样的;并且 **Scene** 窗口看起来也和下图差不多:

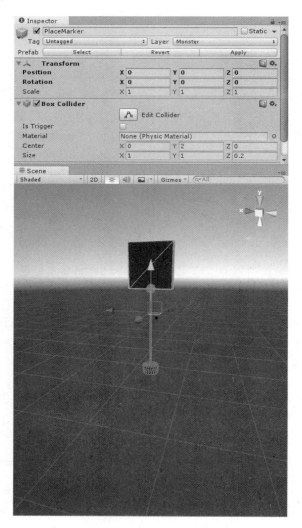

箱体碰撞体的设定,和在 Scene 窗口的显示

7. 在 **Inspector** 窗口中单击预设选项旁边的 **Apply** 按钮来保存修改。然后从 **Hierarchy** 窗口里删除 PlaceMarker 对象。

8. 在编辑器里按下 Play 按钮来运行游戏。确保 GPS 服务是在模拟模式。单击场景里任意一个 PlaceMarker，你应该被带到 Places 场景。

9. 另外，当然，永远都要确保生成并部署到移动设备上进行测试。确保每个转换和画面都和预期的一样。

 如果运行游戏的时候遇到了问题，请别忘了参考第 10 章，疑难解答来寻找帮助。

这个设定相对来说是比较容易的。我们就来快速地看一下把碰撞系统连接起来的代码。在编辑器里打开 GameManager 脚本，然后下滑到 HandleHitGameObject 方法。在这个方法顶部是我们之前的代码，它处理玩家单击怪物的操作，并把玩家带到 Catch 场景。之后它处理玩家对（选中）PlaceMarker 的单击操作：

```
if (go.GetComponent<PlacesController>() != null)
{
  print("Places hit, need to open places scene ");
  // 检查场景是不是已经被运行过
  if (PlacesScene == null)
  {
    SceneManager.LoadSceneAsync(PlacesSceneName, LoadSceneMode.
       Additive);
  }
  else
  {
    // 场景被运行过，重新激活它
    var psc = PlacesScene.RootGameObject.GetComponent<
       PlacesSceneController>();
    if (psc != null)
    {
      var pc = go.GetComponent<PlacesController>();
      psc.ResetScene(pc.placeId, pc.location);
    }
    PlacesScene.RootGameObject.SetActive(true);
```

```
  }
  MapScene.RootGameObject.SetActive(false);
}
```

这段代码看起来和我们在怪物对象（`MonsterController`）被单击或者选择后的代码非常相似。如果看代码注释，它应该够说清楚自己是干什么的。是的，按照之前添加对象交互的方式，就能轻易地添加新对象。

你也许也注意到了不论这个地点距离玩家有多远，它们都能参与交互。这点目前来说是故意的，但是如果想要修改也非常容易，只要在检查碰撞的时候设定好点选射线的长度。如果上滑到 `RegisterHitGameObject` 对象，就能看到点选射线的长度被设置为无穷大：

```
public bool RegisterHitGameObject(PointerEventData data)
{
  int mask = BuildLayerMask();
  Ray ray = Camera.main.ScreenPointToRay(data.position);
  RaycastHit hitInfo;
  if (Physics.Raycast(ray, out hitInfo, Mathf.Infinity, mask))
  {
    print("Object hit " + hitInfo.collider.gameObject.name);
    var go = hitInfo.collider.gameObject;
    HandleHitGameObject(go);
    return true;
  }
  return false;
}
```

可以把这个值改成一个硬编码的值，比如说 100，或者回顾之前关于 GPS 精度的讨论，把这个值设计成一个基于设备当前精确度的值。不论怎么样，这都是一个容易设定的游戏机制，同时能够很大程度地改变游戏的玩法。

总结

这一章学了很多东西。主要在于构建 Places 场景，作为主要场所支撑玩家与游戏世界的交互，并且混搭了虚拟世界的元素在其中。一开始来搭建场景的基础。然后，整合了谷歌街景图像作为场景的背景，以提供更深的真实世界与虚拟世界的互动感。之后加强了标记牌的样子，在上面播放谷歌地点照片的幻灯片和其他的一些元素，比如名称、评级和价格。既然收集到关于地点的信息，开始添加互动的按钮和对话框，这让我们学习了很多 Unity GUI 元素的开发经验，包括使用布局来排列元素。互动元素就位以后，转而去理解游戏卖出的机制。这引导我们去往库存数据库里添加新表来更新它，并且给新的库存道具和玩家添加 CRUD 方法。然后把片段拼接起来，把 Places 场景添加到游戏中去。接着，为了让所有成分一起工作，我们给标记牌添加了一个箱体碰撞体，让它可以与玩家在 Map 场景中交互。

离完成这个游戏越来越近了，在下一章中我们另辟新境，给游戏添加多人网络支持。除此之外，还会花一些时间增强游戏的粒子效果和视觉特效。

第 9 章
完成游戏

在上一章的末尾，我们完成了计划在游戏里添加的绝大部分特性。如果我们愿意，可以在本书的最后一章给游戏开发一些小特性，不过那样显得太重复了，甚至会让我们丢掉一些读者粉丝。这个游戏，从根本来说，应该是一个令人愉悦的演示程序，可以表现基于位置 AR 游戏的基本概念。希望在学习这本书的过程中，仔细思考独特的游戏设计，以及如何去开发实现。不再继续 Foody GO 游戏开发了，本章将会覆盖以下内容：

- 未完成的开发任务
- 缺少的开发技能
- 清理资源
- 发行游戏
- 开发基于位置游戏的一些问题
- 基于位置的多人游戏
- 使用 Firebase 作为多人开发平台
- 其他一些基于位置的点子
- 这个种类的未来

未完成的开发任务

完成了 Foody Go 演示程序的开发以后,来看看一个开发者在商业发行之前还需要做的任务,这对你会有些帮助。对于新手开发者,如果打算在将来发行一个完整的商业游戏,这些练习一定会让你受益。

你也许听说过 80/20 法则。它是这么说的,20% 的努力可以让一个任务完成到 80%;另外 80% 的努力才能完成剩下的 20%。这条法则对大部分任务都适用,尤其是游戏开发和软件开发。如果你认为这个游戏演示程序就是 80% 的完成的话,要完成剩下的整个游戏需要再花四倍的功夫(6 章的开发 × 4 = 24 章)。考虑到每个特性都差不多做完了,也许这听起来是夸大的工作量。我们就来逐个场景地总结一下哪些东西还未完成:

- **Map** 场景:
  - 音效或者音乐
  - 天空背景盒,根据每日的时间可以有云、太阳或者夜晚的效果
  - 改进的怪物产生机制,核心服务器
  - 着色器特效画面
  - 地图风格

- **Catch** 场景:
  - 音效或者音乐
  - 着色器特效画面
  - 陀螺仪摄像机
  - 打开和关闭 AR 模式(背景摄像机)
  - 从库存里面切换冰冻球
  - 逃跑
  - 用设备的摄像头拍照

- **Inventory**(主页)场景:
  - 物品库存
  - 怪物细节
  - 角色细节,属性和级别
  - 怪物指数,如果我们有更多的怪物或者别的生物

- **Places** 场景：
    - 音效或者音乐
    - 着色器特效画面
    - 陀螺仪摄像机
    - 打开和关闭 AR 模式或街景背景
    - 对厨师基于位置的地点追踪
    - 怪物动画
    - 改善 UI

- **Splash** 场景：
    - 音效或者音乐
    - 载入效果
    - 贴图

- **Game** 场景：
    - 允许选择和定制角色（男性和女性）
    - 多变的怪物和角色进化路线
    - 音效服务或者音效管理器
    - **可选的大型多人在线（MMO）功能**
    - 清理游戏资源
    - 修改 bug（适合于所有场景）

除了待会儿会提及的多人模块以外，这个列表包含了相当多的特性，它们不是特别复杂，但是却需要额外的努力才能完成。视觉效果（着色器）、风格化和修正 bug 尤其容易成为问题，真的可以成为开发时间上的黑洞。开发者们通常需要花费数月或者更多时间，在某个特定的着色器上，才能取得游戏理想的视觉风格。希望这些说明能让你更好地理解 80/20 法则是怎样应用于演示游戏开发的。

当然，如果你愿意，请自由地完善这个演示程序，让它成为你独有的，带有自创特性和游戏机制，基于位置的 AR 游戏。不过同时要注意花在开发和完善这个游戏上的时间和精力，尤其是这是你的第一个游戏的时候。确保你给自己定下一个发行日期，然后极尽所能地在那个日期发布游戏的内测或公测，或发行版本。这会保证你的游戏能及时抵达玩家手里，然后你能快速地获得一些玩家反馈。遵循这种策略不仅能让你意识到截止日期的存在，也能让你巩固估计开发成本和回报的能力（因为玩家反馈）。

为了说明在视觉特效上面多么花时间，看下面这个练习：

1. 在 Unity 里打开任意一个场景，从刚刚开发的演示游戏里打开或者选择别的场景都行。
2. 选择菜单命令 **Assets | Import Package | Effects**，这将导入 Unity Standard Assets Effects 资源包。和之前做的一样继续导入。
3. 在场景里找到 Main Camera。如果不确定它在哪里，使用 **Hierarchy** 窗口上的搜索功能。只要在搜索区域输入 main camera 或者 camera，场景里面的摄像机就会在层级结构里显示出来。

> 使用滤镜或者其他视觉特效很容易上瘾、过度。切记这些滤镜对游戏的性能及内存使用和玩法有直接、显著的影响。在已经完成的游戏里，谨慎使用这些功能。

4. 选择这个摄像机，然后选择菜单命令 **Component | Bloom & Glow | Bloom**。这会给摄像机添加一个 Bloom 滤镜，**Game** 窗口色彩看起来更加明亮。
5. 请自由地给摄像机添加别的特效（滤镜），时不时地运行一下，看看效果怎么样。非常有可能发生的是，一不小心几个小时就这么过去了，你会意识到有太多的选择和可能性。以下是 Foody GO 游戏的 **Map** 场景的例子：

多种图像特效加入前后屏幕截图对比（注意之前添加的云彩的天空背景盒）

6. 不仅是添加视觉特效，改变特效组件在相机上的顺序也值得尝试。下图就是一个展示相机上的图像效果的例子：

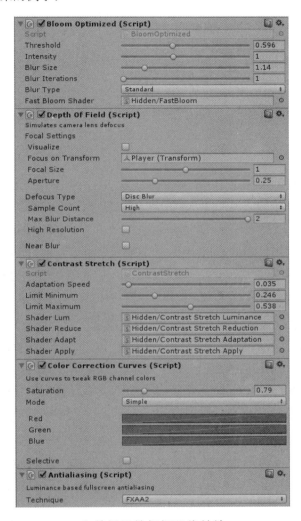

之前场景的相机图像特效

这个未完成任务列表点出了我们很少覆盖甚至完全没有谈到的一些技能。因为这些技能对于开发的游戏不起至关重要的功能，所以这样安排是刻意的，但是对于别的游戏它们还是很重要的。所以尽管我们之前没用到，但它们会是你将来的开发工作的基石，下一节就来讲讲这些技能。

缺少的开发技能

虽说在做这个演示游戏的时候,没有或者只是轻微地触及这些开发领域,它们真的对于完成一个惊艳的商业游戏,或者只是某些种类的酷炫游戏至关重要。以下是一个按照优先级排列的开发技能列表,并附有一些资源列表。在完成本书任务以后可以把注意力放在那些资源列表上。

- **着色器**(视觉效果和光照):这是一个很广的话题。你很可能永远也不需要写一个着色器,但是需要学会怎么有效地使用它们。着色器对于游戏开发就像空气对呼吸;基础并且无处不在。学习开发着色器是高级技能,但是只要一点点知识就能用很久。就算不打算自己写着色器,以下资源也是值得看看的:
  - WikiBooks:(https://en.wikibooks.org/wiki/Cg_Programming/Unity) 有对着色器编程的很好的入门介绍和一系列优秀的资源。对于初学者,或者习惯于按照一本好书的学习曲线的人来说,一开始学习这个站点可能会过于复杂。
  - *Mastering Unity Shader and Effects* (2016),*Jamie Dean*,*Packt Publishing* 发行。这本书对新手着色器开发者是一本不错的入门级介绍,写得很好。
  - *Unity 5.x Shaders and Effects Cookbook* (2016),*Alan Zucconi, Kenny Lammers, Packt Publishing* 发行。这也是一本优秀的书,但是内容比较进阶。最后再选这本书。

- **粒子效果**:这也是一个你不会也没关系的技能。但是有时候,你就是想要更加独特的粒子效果,那时就需要相应的知识来制作或者修改出一个定制的粒子效果。当你想要按需调节一个粒子系统的时候,就算仅仅是了解 Unity 粒子系统的各种设定也是非常有帮助的。以下是能够帮助你提高对 Unity 粒子系统的认识的资源列表:
  - Unity学习(https://unity3d.com/learn/tutorials/topics/graphics/particle-system),是对粒子效果系统的出色的介绍。
  - *Mastering Unity Shader and Effects* (2016),*Jamie Dean*,*Pack Publishing* 发行,对于开发粒子效果的着色器有特别好的一章内容。

- **多人**(网络):毫无疑问,如果想把本演示程序转化为一个**大型多人在线游戏(MMO)**,这个技能是基本功。很不幸,这个领域需要的特殊技巧和知识,取决于游戏运行的网络底层结构。本章稍后我们会详谈为什么这样,并且聊聊不同的网络方案和资源。

- **动画**(Mecanim,Unity 动画系统的名字):许多开发者都会自动假设动画和 Mecanim 只用在让角色或者人形物动起来。那么想本身是没错的,但是可以用 Mecanim 实现许多东西,当然也包括角色动画。以下是关于 Unity 动画的一些好资源:
  - Unity学习,(https://unity3d.com/learn/tutorials/topics/anima-

tion/animate-anything-mecanim），是一个使用 Mecanim 的快速教程。

- *Unity Animation Essentials*（2015），*Alan Thorn*，*Packt Publishing* 发行，是对动画的一个短小精湛的介绍。

- *Unity Character Animation with Mecanim*（2015），*Jamie Dean*，*Packt Publishing* 发行，是 Jamie 的另外一本佳作。这本书里面有很多干货。

- **音效**：这是一个通常被低估的技能，但是对于优秀的游戏却如此重要。当然，另外一个问题就是，在 Unity 游戏里添加音效和音乐，好的操作准则非常少。听起来这很适合单独作为一本书的主题。在那本书出现以前，先看看以下两个资源吧：

    - Unity 学习（`https://unity3d.com/learn/tutorials/topics/audio/audio-listeners-sources?playlist=17096`），是一个起步的好地方。

    - Unity 学习（`https://unity3d.com/learn/tutorials/topics/audio/sound-effects-unity-5?playlist=17096`）对音效有一些好的讨论。

- **贴图**：这是在 3D 模型上覆盖 2D 图像的艺术。这是游戏开发之外的技能，但是如果你是一个小的独立开发者，知道这个领域的一些知识还是有点用的。这个技能和 3D 建模是一体的，或者说是后者的一部分。这也是着色器和着色器编程的扩展。这个 Unity 文档可以作为基于物理的材料（贴图和材质）的不错的开始：

    - Unity 学习（`https://unity3d.com/learn/tutorials/modules/inter-mediate/graphics/substance/introduction`），是一个相当高级的系列教程。它使用的是 Allegorithmic 公司制作的材质设计器。但是如果有兴趣深入下一个级别的游戏开发，这必定值得一读。

- **3D 建模**（角色开发）：这是游戏开发者不用学会也能做好游戏的另一个技能。世界上有足够多的 3D 内容了。但是学会 3D 物件或者角色的建模流程对你的技能集来说是锦上添花。更不要提如果你是独立开发者，在某个时刻也许会打开 3D 建模程序自己做个模型。当然，在这个领域学习的技能会只应用于使用的那个软件。以下是两个可以用来起步的软件和教程套装：

    - **iClone Character Creator**(Reallusion)，`https://www.reallusion.com/iclone/game/`。这是一个优秀的软件套装，有一系列精选视频教程可以让你轻易地制作个性角色。万一忘了，本游戏里使用的角色正是 Reallusion 免费提供的 iClone 角色。

    - **Blender**，`https://www.blender.org/`，这个标准的 3D 内容建模免费工具。熟悉这个工具的使用需要投入一定的时间。

当然，如果没时间提升技能，也可以去 Unity 资源商店寻找资源来完成游戏功能。下一节讨论在选择和使用资源时的指导意见。

清理资源

当你刚开始用 Unity 开发的时候，资源商店既是一个福音又是一个诅咒。商店里有一些非常优秀的资源，能让你在开发游戏的时候健步如飞。然而使用太多的资源，或者使用演示程序里附带的资源也有一些代价。之前讨论过资源包，这里有一些指导意见，能够帮助你决定怎么样、什么时候购买或者下载资源：

- 为什么需要这个资源：

    - 自己写耗时太久：如果你考虑到大部分资源都在 100 美元以下，这可能是一个很有吸引力的购买原因，尤其是当这个资源满足你的需要而且时间对你来说比较宝贵的时候。即便如果它不要钱也好，也参考本列表的其他指导意见，确定你真的需要这个资源。
    - 它提供了你的能力以外的内容：大概使用一个资源的最好的理由就是你是 Unity 或者游戏开发新手。务必遵循本列表的其他指导意见来确认用它是合理的。
    - 它在促销：别掉进这个坑；也许这条可能成为你决定买一个资源的次要原因。
    - 它的评价特别好：评价确实有用，但是明白你需要这个资源的核心原因。即便这个资源只是编辑器工具，也要注意它会占用项目的空间。
    - 其他的牛逼游戏用到它了：这是另一个坑。除非要尝试原封不动抄袭整个游戏，确定别的原因能够成立。

- 确认这个资源拥有什么样的支持：

    - 这个资源版本和你的 Unity 版本兼容。这对于新手来说是必需的，因为处理版本冲突可能成为一场噩梦。对于有经验的开发者，也许这不是多大问题。
    - 开发者提供对资源的更新。检查资源页面，确保开发者还在支持这个资源。在某些情况下也许这不是问题，比如艺术资源。对于有源代码的资源，这点也就不是什么大问题。但是，对于高性能或者紧密整合的资源，比如水、地形或者动画，还是希望开发者能够提供频繁的更新。
    - 评价都是正面的，而且比较新。确认这个资源有一些评价，而且都是最近的正面评价。对于免费资源来说，这点不是问题，因为开发者们通常不会去点评免费资源。对于别的资源，这就很关键了。如果有蛛丝马迹的问题，最好避免这个资源。

- 这个资源有 Unity 论坛的讨论帖子。通常来说这是一个很好的信号，开发者还在回应评论以及修改缺陷。读一些这类帖子，看看发帖的日期和问题的类型。这样做通常能帮助你认识到一个资源的工作机理，以及它对你的项目是否有用。
  - 这个资源有免费的文档。这点现在已经差不多是行规了，不论你是否购买一个资源，大部分资源都会提供一个指向文档的链接。快速阅读一下这个文档看看能不能看得懂，以及它是否能融合进你的项目。
- 检查资源包的内容：
  - 资源包包含插件文件夹。这通常意味着这个资源包包含编译过的库，那么在部署游戏的时候需要特殊设定。当然这有可能是一个问题，而且尤其值得注意。有一些开发者可能只会预览他们能获得全部源代码的资源包。话说回来，这也是一个权衡，因为编译过的插件可能会获得卓越的性能提升。
  - 资源包包含额外内容。一个包含额外演示文件的资源，本身就是一个很好的学习材料。有一些资源包也许会添加 Unity 标准资源包或者其他内容，其中有可能出现和现有资源冲突的情况。不是说这种资源一定得避免，但是在把这个资源放进项目之前，知道这个信息还会有些帮助。一种通常很有益的做法是先把一个有很多演示的资源导入到一个测试项目里，在那里把这个资源包剥得只剩下最关键的部分，然后导出给自己的项目使用。
  - 资源的内容结构组织得好。尽量避免把内容加载到许多根目录下的资源。这不仅会对你的资源管理造成障碍，也是一个信号，可能有一些不需要加载的东西也加载了。
  - 这个资源的内容是为你的部署平台设计的。这条很重要；别指望给台式机设计的内容能在移动设备上使用。如果某个资源没有给平台的内容，那就找其他资源。
  - 资源的脚本是你选择的语言。这不是默认成立的；你不想要这样的惊喜。比方说，如果选择 C#，就确认所有的内容脚本都以.cs 结尾。
- 比较其他选择：
  - 这个资源有很多竞争者。这对开发者来说是好事，因为这说明这个资源的价格相对于它的功能来说是很划算的。同时这也可能说明你自己做这个资源从时间投入上来说不划算。尽管如此，一个充满竞争的市场也让选择哪个才是正确的成为艰巨的任务，毕竟它们有重叠的特性和功能。
  - 这个资源没有竞争者。商店里有少数几个资源的制作品质如此之高，它们需要高级的 Unity 和游戏开发的知识才能做出来，以至于没有人愿意和他们竞争。也有一种可能是这个资源应用了最新的开发概念，它们是首先发布的一批实现。只要按照其他指导意见，应该可以决定这个资源是否值得选择。

- 其他的一些思考：

    - 这个资源和你的目标平台兼容。务必确认这个资源在部署平台能用。很多情况下，它不一定都能运行起来。
    - 这个资源有免费版本。任何时候你看到某个资源有免费版本，这能让你的决定简单很多。当然，还是要下载这个资源，在项目里安装、配置。然后如果发现这个资源不管用，可以稍后再把它们删了。当心免费版本，它们有可能只是浪费了你的时间而已。
    - 这个资源是一个游戏入门资源包，或者一个开发框架的一部分。入门资源包或者开发框架有可能很好用，但是你决定按照这条路走下去的时候需要当心。当然，本书自身也开发了一个入门级基于位置的 AR 游戏。然而在阅读本书的过程中，你对这个项目的各种设置的意义都相当熟悉了。可当你下载一个完全陌生的入门套装的时候，并不是这回事。如果你打算基于一个游戏入门资源包开发一个游戏，最好做足功课，确保你理解这个套装里各种设置的意义。

既然仔细地分析了给你的项目添加资源的一些指导意见，我们也想谈谈怎样清理和移除项目不需要的资源。以下是一系列选项，可以用来管理资源；之后是一个实用的小窍门，提示如何做基本的项目清理：

- 在导入的时候，拦截下不需要的内容。如果你的功课做得足够好，应该能清楚地知道这个资源需要导入的全部内容。总是把资源导入到一个空的，或者测试项目是一个很不错的实践方法，因为这能让你知道哪些内容是你需要的，哪些只是用来支持演示程序的。之后等你真的导入资源到工作项目中的时候，就可以取消选中你不要的内容。
- A+ 资源浏览器（A+ Asset Explorer），这个工具的付费版价格合理，为资源量大的项目提供了很不错的一系列工具；其实大部分项目都属于资源量大的项目。这个工具不会清理资源，它只是会告诉你问题在哪里。
- 不要移动导入的资源内容。绝对不要移动资源内容，因为它们有可能以后被资源开发者更新。移动资源会给以后造成问题；当你更新的时候，可能会产生重复的文件，或者被放到错误的文件夹下。另一方面，如果确定内容不会被更新了，移动它们就不是问题。当然，这个规则不适用于手动导入的资源。
- 一次将项目资源全部导出。当项目达到某个阶段时，你觉得该是时候清理一下了，或者就是想清除不必要的资源，那就做一个完全导出式清理，步骤如下：

    1. 在 Unity 编辑器中打开游戏，确保当前的场景和项目都已经被保存了。

2. 确保所有的定制游戏内容（脚本、预设、场景、材质和贴图）都在项目根目录下。

 如果我们用 **FoodyGO** 作为例子，要在 FoodyGo 文件夹下创建一个叫 Scenes 的文件夹，然后把所有场景从 Assets 文件夹拖动到这个新的 Assets/FoodyGo/Scenes 文件夹。这样，所有定制内容就都在 Assets/FoodyGo 文件夹下了。

3. 选中自定义内容的顶级文件夹，选择菜单命令 **Assets | Export Package…**，打开 **Exporting package** 对话框。确保表格底部的 **Include dependencies** 复选框被选中了，如下图所示：

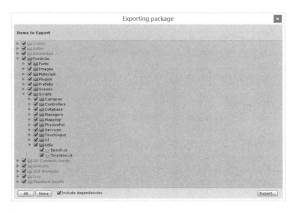

导出自定义和有依赖关系的内容

4. 单击对话框上的 **Export…** 按钮，打开 **Export package…** 对话框。选择一个保存的合适位置，取一个好记的名字，然后单击保存。

5. 打开新的 Unity 进程，选择一个干净的空项目。现在选择菜单命令 **Assets | Import Package | Custom Package…**，用这个打开对话框中刚刚保存的文件。然后单击 **Open** 按钮开始导入这个资源包。

6. 出现 **Import package** 对话框以后，确认所有的自定义内容和有依赖关系的内容都在。如果之前没有清理过项目，这儿的内容会显著地减小。单击 **Import** 按钮来导入这个资源包。

一定要测试整个游戏还和预期的一样可以工作。这个过程中，可以尝试再做一次第 5 步，但是省略确定大概不需要的东西，然后再测试，再做第 5 步。

当然,有一些另外的工具可以帮忙减小资源的臃肿。然而这种方法允许你隔离式地,在不影响现有项目的情况下,测试依赖关系,同时也给你的游戏创建备份。

发行游戏

即便开发游戏只是为了兴趣,为了娱乐或者学习目的,你也应该在某个时刻把它发行给别人。获得游戏的反馈,可以是巨开心、虔诚甚至或是失望的体验。别让批评伤害到你,用心聆听测试者的好的和坏的评论。仅仅给别人发截图或者视频来测评是不够的。

下面是另一系列指导意见,可以促进游戏成功地发行,即便只是给几个朋友:

- 在目标平台部署并测试游戏。这对安卓来说可能有些难办,因为设备的种类实在是太多了。尽管如此,在一台设备上测试已经可以暴露玩家可能遇到的许多问题了。
- 用小量的目标用户测试,确保你的测试者能够代表目标用户。如果没有那样的测试者,你得出去找一些。幸运的是,在很多的游戏开发网站和论坛里,可以找到很多诚恳的测试对象。
- 修复 bug。这个时候通常首批测试者的回馈会让你精神抖擞,促进你完成项目;或者干脆把它忘得一干二净。记住,批评是有用的;别害怕去考虑别人的建议。诚实地评估你的项目,思考是否应该返工,修复所有严重的和关键的 bug。

 关键 bug 指预料之外的游戏崩溃或者数据丢失。严重 bug 干扰游戏玩法,或者阻碍玩家进程。

- 发行给更多的目标用户。如果允许,再发行给更多的目标用户。这种方法并不总是可行的;有些情况下,也许直接在商店上线更好。
- 发行给 App 商店。取决于你的目标平台,这个可能是,也可能不是,一个巨大的挑战。就算以入门级的价格,甚至免费发行,这也是一个宝贵的经验。
- 自动化这个过程。如果觉得部署到 App 商店的经验已经挺熟练了,在某个时刻你会想更新游戏,添加新的功能和修改 bug。为了最小化负担,最小化推出更新的延迟,你会想要自动化发行的步骤。自动化发行的步骤不仅仅让你可以更快地响应变化,也可以让你有更多的时间来修改 bug 和添加功能。

现在我们讨论完了技能、资源和发行指导意见,是时候说说基于位置游戏的阴暗的小秘密了。下一节,我们来聊聊开发基于位置的游戏过程中的一些难点。

开发基于位置游戏的一些问题

基于位置的游戏还是相对较新的类型，它们得益于移动设备上对 GPS 的有效使用。在很多方面，这个类型还处于前沿；开发者们还在寻找玩家们能接受什么样的玩法。来看看基于位置游戏的主要问题，以及可能有或者没有绕开这些问题的方法：

- **GIS 地图服务**：很可能游戏的关键玩法依赖于在地图上显示位置。以下是可以实现这点的方法：

    - **使用你自己的 GIS 服务**：虽说这是一个可能，也的确有一些很好的开源 GIS 平台，注意还需要支持这个服务的运行，而且 GIS 平台是出了名的耗 CPU。
    - **使用 Google Static Maps**：这是本书采用的方案，确实挺管用的。但是，注意 Google Static Maps API 的使用是有限制的。限制是每个 IP 每天 2500 个请求。
    - **使用 Google Maps**：Google Maps 目前来说对 Android 和 iOS 是免费的，只要用官方提供的 SDK。也许将来也会有 Unity 开发者可以直接用的方法。
    - **使用不同的服务**：还有一些免费的 GIS 服务。如果你能接受地图的风格，也许这是一个可行的方法。换个想法，可以用一个着色器来改变视觉风格，使它的美感能被你的游戏接受。

- **地理数据**：基于位置的游戏，天性就紧紧地和地理数据相关，不论是在真实世界还是虚拟世界。以下列表是一些访问地理数据的方法：

    - **使用你自己的 GIS 服务**：再次这么说，这是一个昂贵的但是确实有自己的优点的方案。比如，可以根据特殊的 GIS 规则召唤怪物或者生物。走这条路的话，需要一些高级的 GIS 相关知识，那些超出了本书的范畴。
    - **使用 Google Places**：本书所用的就是这个方案。它对我们这个小演示程序是够用了，然而不幸的是没办法扩展。记住，这些使用限制非常局限。然而也可以从谷歌购买使用授权来提高限制。所以如果你的游戏在赚钱，这个方案也是可行的。
    - **使用另一个服务**：取决于你的需要和地区，还有其他的基于地理的数据服务（比如 Foursquare），能提供类似的，某些时候甚至是更好的数据。这的确是一个可能的方案，可以应用本书里学到的技能去连接这些服务。

- **多人模式支持**：不像别的类型的游戏，基于位置的游戏恰好不能指望直接使用现成的多人在线服务。基于位置的游戏是连续的，玩家常常玩相当长的时间。并且，玩家只应该和一定物理距离内的玩家互动。下一节会深入多人网络的细节，这里是一些多人模式方案列表：

- **Photon PUN**：Photon 是一个优秀的多人网络服务，而且配置简单、上手容易。可惜的是，与其他多人网络服务一样，它只给扩展状态迁移提供有限的支持。这意味着断线后连接上的玩家会收到数量过多的更新消息。
- **Unity UNET**：Unity 的多人网络系统，UNET，是一个可靠的、实用的 p2p 游戏框架。对于需要扩展状态 (extended state，跨越游戏会话的状态) 或者区域过滤的游戏，UNET 肯定不是它们的选择。
- **其他的多人网络平台**：有许多其他的方案有可能管用。考虑的关键是跨会话的状态管理，以及限制玩家交互在地理区域之内。最好的可能就是一个平台给你一个服务器，可以自己按需定制。
- **开发你自己的服务器**：如果已经决定狠下心来提供自己的 GIS 数据服务，这必然也是一个可能。下一节会更深一点探索这个概念。
- **使用在线实时云数据库**：这个可能听起来是一个古怪的超出常规的方案，但是它确实可行。而且下一节的多人网络部分我们就会来认真探索。

以上诚恳地讨论了开发基于位置的游戏的问题，但愿没有把你吓住。正如我们在本书的开头讨论过的，开发基于位置的游戏有一系列独特的和复杂的问题。首当其冲的就是多人网络支持。下一节，就来讨论一些开发基于位置的多人游戏的策略。

基于位置的多人游戏

正如上一节所讨论的，给基于位置的游戏添加多人服务，可不是一件容易的事。事实上，因为这个额外的复杂度，我们避免在本书的演示游戏里添加多人模式。话说回来，可以在没有后端服务器和多人模式的情况下，做一个实用的基于位置游戏也是挺重要的。最后，你大概开始好奇究竟怎么给游戏添加多人模式了吧。

上一节我们讨论了几个可行的添加多人模式的方案：开发你自己的服务器，扩展现有的平台和使用在线实时云数据库。这些方案听起来也许诱人，但是在深入细节之前，我们来分析一下基于位置游戏的多人模式的基本问题，如下所示：

- **游戏是连续的**：我们的游戏需要不断地给全球的玩家保存状态。如果你不理解上一句话的规模，休息几秒钟，再想想。当玩家重新连接，他们身边的全部世界都需要几乎立即更新，不论他们之前的位置在哪里。取决于你保存了多少状态，这可能是一个很难的问题。这就是为什么我们依赖哪些谷歌服务来提供游戏地理信息。
- **玩家只需要和本区域互动，如果有互动的话**：基于位置的游戏，因为允许玩家和别人交互，遭到了很多批评和担忧，尤其如果游戏的目标用户是青少年。所以，通常来说只会允许玩家与地点、商店或者别的区域性虚拟建筑互动。一个区域性互动的例子，比如说在某个地点设置一个诱饵。所有的玩家都能从这个诱饵收益，但是却没有直接和对方交互。

- **游戏状态需要按地区过滤**：玩家应该只能看到他们地图区域以内的世界并与之交互；甚至能够在 Google Places 服务按位置和半径搜索的能力也需要被进一步过滤。理想状态下，玩家需要访问的游戏状态支持某种区域查询。这可能有点难办，尤其当你的 GIS 经验还不多的时候。幸运的是我们马上就会指出一个方案。

现在我们明白了每个方案面对的挑战，下面在下表审视每个方案需要解决的功能：

特性、需求	开发你自己的服务器	扩展现有的多人网络服务器	实时云数据库
安全（访问权限）	需要开发你自己的权限和用户表格	使用或者修改现有的权限系统	提供可靠的安全平台，有多种用户权限方案
安全（数据）	需要开发你自己的安全机制	很可能支持数据保护和反作弊机制	可能需要定制数据库结构来支持数据安全
游戏状态	需要后端数据库来保持状态	很可能已经实现的像一个数据库	就是一个数据库
连续的游戏状态	完全的数据库控制	需要一个支持 MMO 或者 MMORPG 游戏的服务器	完全的数据库控制
按区域隔离玩家交互	使用地理散列（Geo-hash）来按区域隔离玩家	很可能需要定制游戏世界，使之使用区域和地理散列	使用地理散列来按区域隔离玩家
按区域限制游戏状态更新	由地理散列控制	由定制地理散列控制	由地理散列控制
扩展性：添加玩家	需要管理增加的服务器和基础设施	需要管理增加的服务器，基础设施以及可能更多的授权费	云方案，易于扩展
扩展性：添加游戏功能	开发，然后把更新发布到服务器和客户端	开发，然后把更新发布到服务器和客户端	可以轻松的给数据库设定版本，然后按需更新客户端
数据备份	需要自己支持	很可能需要自己支持	很可能支持数据备份，但是仅做到某个程度
基础设施（服务器）	任何时候需要至少一个服务器运行	任何时候需要至少一个服务器运行	云支持
价格	便宜甚至免费，取决于现有基础设施（服务器）	多人网络服务器软件的价格，加上基础设施费用（服务器）	很可能一开始不要钱

地理散列会进一步解释。

地理散列是一种结构性的表示网格上空间数据的方法，它使用一个连续的独特数字作为 ID。没有例子可能很难理解，下表也许可以从视觉上帮忙解释这点。

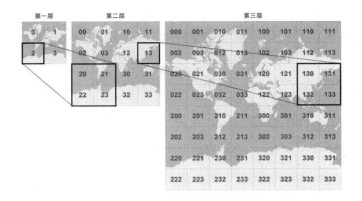

表格显示地理散列是如何在不同层级切分世界的

上面这个网格是切片地理散列的表示方法。我们更想用的是标准的地理散列-36，这意味着每一个层被切割成 36 个子区间。如果你想知道你的地址或者城市的地理散列是多少，可以去 http://geohash.gofreerange.com/ 查查看。

一旦我们能够把一个地点或者区域用地理散列隔离开来，就能非常快速有效地按地区给消息排序。例如，如果知道一个玩家在地理散列 9q8y（旧金山，加州），那么我们就可以隔离所有这个地理散列打头的消息。所以，如果另一个在恶魔岛的玩家用的是地理散列 9q8znn，因为他们的前四个字母不一样，他们就看不到对方的活动。

以下是从 http://geohash.gofreerange.com/ 的一个屏幕截图，显示出了这点。

显示旧金山区域的地理散列层次

如果仔细看这个地图表格，你应该能看到地理散列在恶魔岛（Alcatraz）上方被进一步分割。你实际上可以向下直到几乎一个地标点（地理散列第 12 层），虽然很可能永远都不会使用那个层级。在这个例子里，我们使用了地理散列第 4 层，但这不意味着就不能用更高或者更低的地理散列层级来控制区域内的消息传递。

> 在下载的FoodyGo的最终源代码里，Chapter 9 Assets（第9章的资源）文件夹下包含了一个地理散列-36库。

正如在前面的表格里面所看到的，各种因素都指向实时云数据库。当然，你可能还抱有自己的倾向某个方案的偏见；但愿你能够明白每个方案的缺陷。这个表格只是尝试解决上层的需求，但是软件开发充满了下层细节。

市场上有多个实时云数据库，但是只有寥寥几个支持直接和Unity的整合。首先是谷歌**Firebase**，这是一个App平台，支持实时数据库和其他许多功能、比如分析、广告、崩溃报告、托管、存储等。

然后，在本书写作的时候，Unity也在开发一个实时数据库，很可能会提供所有Firebase的功能。不幸的是，Unity似乎总是比他的竞争对手慢一拍，这个方案目前还在封测。这就意味着下一节将会介绍怎么使用Firebase作为多人网络平台。

使用Firebase作为多人开发平台

对于很多开发者，使用实时云数据库听起来太离谱，根本都不值得考虑。当然，这和你开发的游戏类型有很大的关系。你很可能不会给FPS游戏使用实时数据库。很幸运，Unity有优秀的FPS的网络解决方案。然而对于基于位置的游戏，因为之前提过的原因，一个实时数据库完全合适。

> 即使你没有在做一个基于位置的游戏，不需要超高性能的更新，也应该考虑一下Firebase。免费版本的Firebase实时数据库允许100个同时在线用户，第一级的订阅服务提供无上限的同时在线用户。其他的多人网络服务通常在超过20个同时在线用户就开始收费了。

我们不会在本书的示例游戏里面添加Firebase作为多人网络平台。因为这样做需要数个章节，甚至是一整本书，来覆盖诸多细节。相反，我们来用一个Firebase样例看看该如何设置和使用。首先按以下步骤下载样例Firebase SDK数据库项目：

1. 打开浏览器，访问`https://github.com/firebase/quickstart-unity`。
2. 按照这个GitHub页面的步骤下载SDK样例为一个ZIP文件，或者复制整个git库到电脑上。如果下载了ZIP文件，解压缩到一个你稍后能够找得到的文件夹。
3. 开启一个新的Unity进程，在项目选择窗口选择Open。找到刚刚解压SDK样例的文件夹，或者复制的本地git库。然后打开`database`文件夹，选择`testapp`作为Unity项目文件夹。单击 Open 按钮，装载这个项目。

4. 项目打开后，你会看到许多编译错误。这是正常的，不用担心，很快就会解决它们。

5. 打开 **MainScene** 场景。在 **Project** 窗口中双击`Assets/TestApp` 文件夹下的 **MainScene** 场景。这个场景打开后是空的。

> 如果 Unity 还是在手机（mobile）布局，为了剩下的练习，也许想改回默认（default）布局。选择菜单命令 **Window | Layouts | Default**。

既然数据库样例程序已经打开就绪，现在需要创建一个 Firebase 账户，执行以下操作：

1. 在浏览器打开`https://firebase.google.com/`。

2. 在页面顶部会有一个很大的按钮，上面的文字是 **Get Started for Free**。单击这个按钮，当出现提示的时候，用谷歌账号登录，最好是之前用来创建 Google Place API 密钥的同一个账号。

3. 登录以后，进入 **Console**（控制台）页面。你会看到提示，导入或者创建新项目。现在就创建一个新项目。

4. 屏幕会提示输入项目名称和区域。输入`Test App`作为项目名称，然后在下拉列表里选择一个符合你位置的区域，如下图所示：

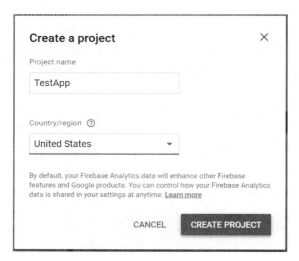

Firebase 创建项目窗口

5. 然后单击 **CREATE PROJECT** 按钮创建新项目。当项目被创建以后，来到这个项目的 Firebase 控制台。

6. 在左边面板中，选择 **Database** 按钮，打开 **Realtime Database** 界面。在这个界面里，选择顶部的 **Rules** 标签页。参考以下屏幕截图：

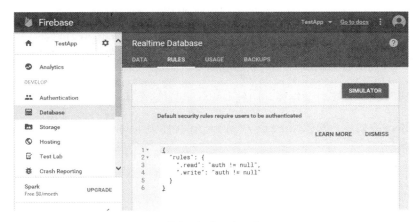

数据库读写规则

7. 仅这个例子，不用麻烦去设置安全规则。当然，对于现实世界的应用或者游戏，安全都是第一重要的。这里可以取消数据库读写安全控制。方法是给这两个值设定true，如下图所示：

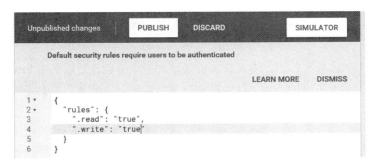

从数据库移除读写安全控制

8. 对这些值做出修改以后，需要单击面板顶部的 **PUBLISH** 按钮。

 有没有注意到这个数据库里的内容看起来像 JSON 格式？这是因为这个实时数据库就是完全基于 JSON 的。

9. 回到 Data 标签页。注意关于默认安全规则的通知。在这个测试样例里，我们想要取消安全控制，所以单击 Dismiss 链接来关闭这个通知。

10. Data 标签页顶部就是项目 URL，它应该包含设置的项目名称（testapp）。选中整个文本，按 Ctrl + C 组合键（Mac 平台使用 command + C）来复制这个 URL 到剪贴板里。注意，保持 Firebase 控制台在浏览器窗口里打开着。

> Firebase 支持标准 OAuth、制定 OAuth、谷歌、脸谱、推特和联合身份验证。它也支持多级数据库规则，可以被应用到节点级别。

现在，配置好了 Firebase 实时数据库，回到 Unity，配置这个项目：

1. 在 **Project** 窗口中，双击Assets/TestApp 文件夹下的UIHandler 脚本，以在编辑器里打开该脚本。

2. 下滑并找到InitializeFirebase 方法，如下所示：

```
void InitializeFirebase() {
    FirebaseApp app = FirebaseApp.DefaultInstance;
    app.SetEditorDatabaseUrl("https://你的-Firebase-应用.
        firebaseio.com/");
```

3. 选中上面高亮的 URL 文本，按 Ctrl + V 组合键（Mac 平台使用 command + V）粘贴之前复制到剪切板的 URL。如果需要再复制一遍 URL，可以参考之前的步骤。

4. 保存文件，返回 Unity。等待脚本被重新编译，然后单击 Play 按钮，在编辑器里测试这个应用。

5. **Game** 窗口会出现一个 UI。输入 E-mail 地址和一个分数，然后单击 **Enter Score** 按钮。多测试几次，输入不同的分数。注意这些分数被填到一个列表里，如下图所示：

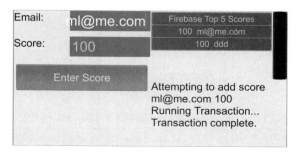

TestApp 添加分数到实时数据库的界面

6. 停止，然后再开始游戏。注意分数被自动添加上去了。测试完成后，让游戏继续运行在编辑器里。

就这样，看起来这个简单的应用向数据库保存了一些分数。然后需要确定数据被保存到了数据库里，并且它能实时更新客户端。按以下步骤测试数据库的实时功能：

1. 回到有 Firebase 控制台的浏览器窗口。你会注意到的第一件事，就是现在有一个新孩子被添加到了数据库里，叫作 Leaders。展开它下面的节点，确认它们和你在 Unity 里面输入的样例数据是一样的，如下图所示：

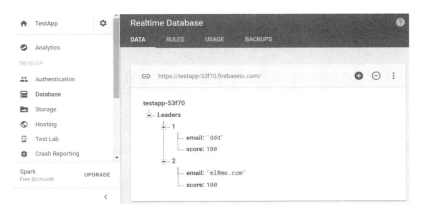

Unity 添加的数据库 Leaders

2. 在控制台里面直接修改这些值，然后切回运行的 Unity，注意分数列表里的值几乎立刻就变了。
3. 尝试在控制台里，给 Leaders 列表添加或者删除值。注意它们也会自动出现在 Unity 客户端。这就是实时数据库和自动客户端更新的强大之处。

在这一步中，如果你使用过其他的网络方案，也许只是觉得一般般而已。毕竟 Photon Pun 和 UNET 也直接支持类似的功能，而且它们还提供机制可以自动更新对象的位置以及其他组件。但是，如我们之前提到和讨论的，这些自动传送对于基于位置的游戏没啥用，因为玩家的位置永远都在游戏世界的中央（译注：位置都是原点的坐标）。

 有些读者也许会想，对于以玩家为中央的世界，另一个可能的方案是真的定位一个玩家到真实世界坐标系，单位就是米。当距离比较小的时候，这样确实可行（原点的坐标在 100,000 米以内），对于其他部分的世界，可能发生的误差会太大（译注：因为大部分引擎的 3D 坐标变换计算采用单精度浮点型操作，如果数字大，那么数字的精度误差就会比较明显了，有经验的开发者应该记得浮点数相等操作一般会允许 0.000001 误差范围）。

使用 Firebase 作为多人开发平台

> 当然，基于位置的游戏不是唯一的适合使用实时云数据库的地方。其他适合的游戏包括桌面游戏、帝国建设游戏、策略游戏、解谜游戏、卡牌游戏等。说到其他类别的游戏，下一节，就来看看其他种类的基于位置的游戏吧！

其他一些基于位置的点子

也许在第 1 章 准备开始就猜到了，Foody GO 是照搬了去年上线的一个很出名的系列游戏。尽管这个演示游戏只是意图向你展示那款流行游戏是如何制作的，希望它也促使你去考虑制作自己的游戏。当然，你必定不想像我们一样照搬另一个流行游戏，所以就来看看，基于位置的游戏里别的可能种类，举例如下：

- **策略游戏（帝国建造）**：也许你的玩家想当一个国王、统治者、商业巨头，有着围绕他们建造或者占领资源的目标。例如，平行王国（Parallel Kingdom）、平行黑手党（Parallel Mafia）、资源（Resources）、Turf Wars。
- **超自然（生存）**：也许你的玩家是鬼怪，或者僵尸猎人，需要追捕超自然现象，或者避免被吃掉。例如，僵尸，快跑（Zombie，Run）或者 Spec Trek。
- **寻宝**：也许你的玩家是财宝猎人，需要四处搜刮线索，搜索地图来找到隐藏的宝藏，不论是真实的还是虚拟的。例如，地理藏宝（Geocaching），Zaploot。
- **潜入（间谍）**：你的玩家工作于一个秘密机构，他们收到任务去一个区域探索，发现，并且阻止别的机构成功。例如，Ingress，代码奔跑者（CodeRunner）。
- **塔防**：允许你的玩家保护附近的街区避免外界的虚拟攻击，以一种基于真实世界的塔防游戏的形式。例如，Geoglyph。
- **捕猎（追踪）**：这个游戏不适合青少年。你的玩家扮演一个猎人或者猎物。猎人必须在一定物理距离内移动来抓住猎物。例如，Shift。
- **角色扮演（RPG）**：玩家扮演一个角色，以这个角色的身份在真实世界移动，执行虚拟的行为，加入组织，和别的玩家交互。例如，首领-罪恶的一生（Kingpin: Life of Crime）。
- **收集**：这个和财宝猎人有点像，差别是玩家在收集到道具之后会做点什么事。比如，精灵宝可梦 Go（Pokemon Go）。当然，这个游戏一定会上榜。

在提到的列表里有许多好点子，随着基于位置类型的发展，肯定还会有更多的好点子。这个类型的未来，是本章下一节很好的主题。

这个种类的未来

随着 Pokemon Go 的流行，以及它带来的文化变化，可以推测基于位置的 AR 类型已经是主流游戏平台了。在这之前，GPS 功能在移动设备上只是被偶尔使用，现在它们是主流功能。

这种变化不仅会鼓励移动设备拥有更好的 GPS 能力，也许会促进应用或者游戏使用更精确的定位数据。另外，GPS 的电力消耗很可能会进一步降低。这两个因素都对开发基于位置的应用或者游戏有正面影响。

当应用和游戏开始越来越多地使用 GPS 和 GIS 服务，比如谷歌或者其他的，可以推测，这些服务的价格会进一步降低，数据使用的限制也会被提升。这也许听起来有些反直觉，但是得益于使用情况记录，谷歌可以更廉价地提供这些服务。谷歌通常会利用使用情况记录来支持别的服务，比如流量分析等。对谷歌来说，使用记录越多，数据的指标就越好。这就是为什么 Google Maps 对 Android 和 iOS 应用完全免费。

考虑到这些因素，它很强烈地暗示，在玩家和开发者面前，基于位置的类型只会变得更加流行。翘首以待这个类型下一款大作的到来，将会非常有意思。

总结

本章是这本书里开发工作的收尾。首先查看了要发行 Foody Go 游戏还需要完成什么任务。接着谈了值得投资时间学习的重要技能。之后讨论了筛选 Unity 资源的指导意见，以便用这些 Unity 资源弥补缺少的技能。紧接着是一个快速的实践，练习怎样管理并清理残留在项目里未使用的资源。然后，覆盖了发行游戏的一些指导准则。之后我们换了下思路，努力揭示了一个基于位置游戏开发者可能面对的所有问题；这引导我们去讨论如何在游戏里面支持多人网络服务。就像我们看到的，基于位置的游戏带来一系列独特的问题，从而不可能使用现成的网络方案。相反，我们分析了自己实现一个多人网络方案的可能性，并且认真地分析了谷歌的实时云数据库，叫作 **Firebase Realtime**。我们做了一个快速的实践，练习建立并配置 Firebase 作为 Unity 项目的多人网络平台。在那以后，简短地查看了其他的基于位置的游戏点子，以启发灵感。最后，我们聊了聊基于位置类型的可能的未来。

下一章将会解决在开发本书演示游戏的过程中可能遇到的问题。它会包含一些很好的实用知识，包括在 Unity 里面调试、控制台小窍门和其他一些提示等。

第 10 章

疑难解答

每个开发者都会在某些时候面临意想不到的困难或问题，这些都是开发道路上的障碍。可能是一个隐藏的语法错误这样的毒瘤，或者更加严重。不管怎样，开发者都必须使用他们掌握的工具来解决问题。本章将帮助你认识或熟悉一些移动 Unity 开发者可用的故障排除工具。之后，将会更加深入地研究一些专门的工具，在问题看上去更难对付时使用。当然，也将介绍一些办法来追踪问题，甚至预防它们的发生。然后，在本章最后提供一个表格作为参考，以帮助你解决在本书中可能遇到的问题。这是将在本章中讨论的主题列表：

- **Console 窗口**
- 编译错误和警告
- 调试
- 远程调试
- 高级调试
- 记录日志
- CUDLR
- Unity Analytics
- 每章的问题和解决方案

如果从本书之前的某个章节跳转到本章，而且是由于遇到了无法逾越的问题，那么请跳转到本章的最后一节"每章的问题和解决方案"。

Console 窗口

每当遇到问题时，**Console**（控制台）窗口都是解决问题的起点。可以通过在菜单中选择 **Window | Console** 打开窗口，把窗口停靠在编辑器中合适的位置。根据你的偏好和经验，可能希望 **Console** 窗口始终可见。无论哪种方式，一旦出现问题，它肯定应该是需要检查的第一个地方。

详细了解一下 **Console** 窗口，因为它将是本章中一些其他部分的核心：

- 请确保打开 Unity 编辑器。如果 Console 窗口没有打开，从菜单中选择 **Window | Console** 打开窗口。
- 观察窗口，熟悉按钮和下拉菜单。以下是具有典型配置的 **Console** 窗口的屏幕截图：

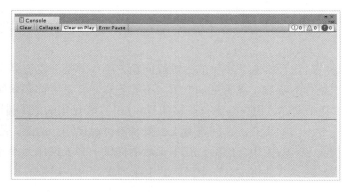

具有典型配置的 Console 窗口

下面来看看每个按钮的功能以及在 Unity 文档中找不到的一些有用的提示：

- **Clear**：这个按钮的作用是清空当前窗口的所有信息。这在清空扩展测试会话（session）中的日志时很有用。
- **Collapse**：这将折叠所有相同的日志信息，并用标签标记了信息的数量。如果想要追踪重复的信息，但是又不希望窗口被信息所淹没，那么这个按钮就尤其有用。
- **Clear on Play**：这个按钮使得编辑器中每次运行新的会话时清空日志。这非常有用，可能一直都需要。
- **Error Pause**：这个按钮使编辑器在运行时，暂停在遇到错误处。这是另一个很好的功能，可以让你捕捉到这些错误。不幸的是，无法区分要追踪的错误类型。

在窗口右手边的图标介绍如下：

- **Info Filter**：这是右手边的第一个按钮，这将打开／关闭对于发送到 Console 的一般情报或者调试信息的过滤。这是消除干扰信息的有效方法。
- **Warning Filter**：这是一个带有"停止"标志的按钮，可以用来打开／关闭警告，可以再次用来减少窗口中的干扰信息。尽量不要冲动关闭警告，它们是有用的提醒，你需要做的是减少警告的数量。
- **Error Filter**：这是右边的最后一个按钮，是可以打开／关闭错误信息的过滤器。一般来说，始终保持此过滤器打开是一个好主意。然而，有时需要忽略填满窗口的错误信息干扰，以便追踪某条失踪的调试消息，这时可能是有用的。

下拉菜单的解释说明如下：

1. 单击 **Console** 窗口右上角的下拉菜单图标，将打开下拉菜单，如下图所示：

Console 窗口下拉菜单显示

2. 为了更细致了解，我们对日志菜单项说明如下：

    - **Open Editor Log**：这个菜单项将打开编辑器的详细日志。当进入讲解记录日志的小节时，会有更详细的介绍。
    - **Stack Trace Logging**：这个菜单项设置 Console 日志引用的堆栈跟踪的总量。通常，只需要像截屏中显示的那样设置为 ScriptOnly。同样，将在关于调试和记录日志部分中更详细地介绍这个选项。

所以，下一次出现问题时，请务必先打开控制台。在下一节中，将介绍发送到控制台的一组编译器消息。

编译错误和警告

每当项目中有资源导入或者脚本改动后，游戏脚本会重新编译，编译信息就会充满 Console 窗口。更严重的编译错误会阻碍项目在编辑器中运行。而警告的性质比较温和，不太致命。但是在警告发生时仍然需要仔细观察。以下列表涵盖了可能会遇到的一些比较常见的错误和警告：

- **编译错误**：这些信息将在状态栏中显示为红色文本，或者在 Console 窗口中显示错误图标：
  - **语法错误**（Syntax error）：这是可能遇到的最常见的错误。双击问题点，在编辑器中打开脚本错误的位置，只需要编辑脚本就可以解决语法问题。
  - **缺少脚本**（Missing script）：这是导入资源时可能会发生的棘手问题，脚本可能已经移动或可能存在命名冲突。缺失或损坏的脚本将被游戏对象从部件中删除。需要通过重新导入损坏的资源或管理名称冲突来纠正此问题。
  - **内部编译错误**（Internal compiler error）：这是另一个令人棘手的错误，而且难以诊断。如果正在使用插件，则更常见；而如果更改方法签名，也可能会发生。尝试隔离出现问题的位置，并检查使用的方法或参数。

- **编译警告**：这些信息将在状态栏中显示为浅黄色文本，或者在 Console 窗口中显示警告图标。双击警告，在选择的编辑器中打开违规的代码：
  - **废弃代码**（Obsolete code）： Unity 会标记出正在使用已经废弃的属性或者方法的代码。这通常会出现在当你使用了不是为 Unity 版本发布的比较旧的资源时。为了消除警告，需要更新代码，使用新的方法。
  - **不一致的结尾**（Inconsistent line endings）：这是令人讨厌的警告，当使用了不同的编辑器或者导入代码时有可能发生。为了解决这个问题，可以在代码编辑器中设置一致的行结尾。MonoDevelop 中：Project | Solution Options | Source Code | Code Formatting；Visual Studio 中：File | Advanced Settings。
  - **普通警告**（General warnings）：像一些没有使用的字段或者变量就属于这一类。不是致命的，但是在游戏或脚本准备发布前需要进行清理。

 有一种方法可以将编译警告转变为错误，通过这种方法强制修正所有的警告。这可能是部分开发者的偏好，但是不作为最佳的方法推荐。

一个很好的习惯是在脚本编辑或资源导入之前清空 Console 窗口。这样可以更容易地跟踪和过滤编译问题。修复这些编译问题后，就该跟踪运行时错误或警告了，这将在下一节中介绍。

调试

Unity 在编辑器中提供了很好的交互，用于游戏运行时监视和编辑游戏对象和组件的状态。虽然这可能是可以调试大部分游戏的方式，但仍然可能会遇到脚本中的逻辑需要更精细查看的时候。幸运的是，Unity 还提供了一套优秀的工具，可以当游戏运行时在编辑器中调试脚本。看看如何开始一个调试会话：

1. 打开 Unity 开始一个空项目。

     如果使用 Visual Studio，此练习假定已经安装了扩展工具并配置了编辑器首选项。

2. 从菜单中选择 **Assets | Import Package | Custom Package...**，然后定位到本书下载源代码的`Chapter_10_Assets`文件夹。选择`Chapter10.unitypackage`并单击 **Open** 按钮。

3. 资源包很小，应该能很快导入。单击 **Import Unity Package** 对话框的 **Import** 按钮继续。

4. 在 **Project** 窗口中的`Assets/Chapter 10/Scenes`文件夹里找到`Main`场景，双击这个场景打开。

5. 在 **Project** 窗口中的`Assets/Chapter 10/Scriptss`文件夹里找到`RotateObjects`脚本，双击这个脚本以在选择的编辑器中打开。

     我们将演示使用 MonoDevelop 和 Visual Studio 的调试器。如果使用另外的代码编辑器，过程会有所不同。

6. 在`Update`方法中的一行代码设置一个断点，如下面的截屏所示：

7. 下一步将取决于所使用的编辑器。按照所选编辑器的说明开始调试：

    - **MonoDevelop**：在工具栏中，单击 Play 按钮开始调试。显示出 **Attach to Process** 对话框，现在选择项目载入的 Unity 进程，单击 **Attach** 按钮。

         如果有多个 Unity 编辑器实例正在运行，找到正确的进程可能需要一些尝试，并且也可能遇到一些错误。在附加到正确的进程后，请特别注意进程 ID。当然，替代方法是只运行一个单一的 Unity 实例。

    - **Visual Studio**：在工具栏中，单击 Play (**Attach to Unity**) 按钮开始调试。Visual

Studio 非常智能，可以自行将其附加到 Unity 编辑器的进程。

8. 返回 Unity，单击 **Play** 按钮运行项目。
9. 很快，被带到脚本编辑器，之前设置的断点将被高亮显示。此时，鼠标停留在文本上时可以检查任何变量属性，如下图所示：

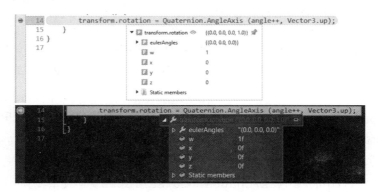

在 MonoDevelop 和 Visual Studio 中断点和类型检查示例

还有其他许多的调试功能可以选择使用，例如监视器（Watch），但是前面的练习已经能带你上路了。当然，有时部署到一个移动平台，而且需要直接在设备上调试，这会在下一节中介绍。

远程调试

能够在编辑器中调试项目中的脚本是很棒的功能。当然，在部署到目标平台上时，如果能够调试脚本就像开发者拥有了神器一样。当可以使用远程调试真实地监视代码运行时，将不再会对脚本/代码在设备上运行状态一无所知了。

远程调试是一个强大的功能，已经存在有一段时间了，但它也有限制，而且可能会引入自身的连接问题。尝试远程调试应用程序之前，请确保可以毫无问题地将其部署到移动设备。如果仍然存在项目部署到设备的问题，本节将无法帮助你，请参阅本章最后的"每章的问题和解决方案"一节。

按照以下的说明在编辑器中设置远程调试：

1. 使用前面调试练习的项目开始。如果直接阅读到这里，只需要按照前面的步骤 1-4，打开项目设置场景。
2. 从菜单中选择 **File | Build Settings**。**Build Setting** 对话框打开后，单击 **Add Open Scenes** 按钮添加 Main 场景到生成目标中。然后，设置选择部署的平台，勾选 **Development Build**

复选框，如下面的截屏所示：

Build Settings 对话框，添加场景，选择平台

3. 这时，可能需要根据具体平台设置额外的**玩家设置**（**Player Settings**）。单击 **Player Settings…** 按钮，在 **Inspector** 窗口中打开 **PlayerSettings** 面板。然后，为平台（iOS 或者 Android）设置需要的内容。

4. 下一步将取决于你将游戏部署到的平台：

   - iOS：

     – 确保移动设备与开发计算机连接到同一个网络（Wi-Fi）。

     – 游戏部署完成后，可以断开 USB 线连接。

   - Android：

     – 打开终端/CMD 提示符并导航到Android SDK / platform-tools文件夹。

     – 输入以下命令：

     ```
     adb tcpip 5555
     ```

     – 将输出以下信息：

     ```
     restarting in TCP mode port: 5555
     ```

     – 打开设备，通过菜单命令 **Settings | About | Status** 找到 IP 地址。

     – 写下或者记住 IP 地址，输入以下命令，在命令中替换成自己的 IP 地址：

     ```
     adb connect DEVICEIPADDRESS
     ```

- 应该显示下面信息（替换为你的 IP 地址）：

  `connected to DEVICEIPADDRESS:5555`

- 运行以下命令确认设备已经安装完成：

  `adb devices`

- 输出内容应该看上去如下所示（注意可能会看到设备名称作为条目）：

  ```
  List of devices attached
  DEVICEIPADDRESS:5555 device
  ```

5. 单击对话框中的 **Build and Run** 按钮，并且根据在 package identifier 中设置的名字保存文件。

6. 当这个简单的 demo 在设备加载和运行后，断开 USB 线连接。然后，返回脚本编辑器。按照下面列表中编辑器对应的说明操作：

    - MonoDevelop：

        - 单击 Play 按钮或者按 F5 键开始调试。
        - 选择与平台和设备匹配的条目，单击 **Attach** 按钮。

         命中断点后设备上的游戏会暂停，可以像在本地一样调试游戏。

    - Visual Studio (2015)：

        - 从菜单中选择 **Debug | Attach Unity Debugger**。
        - **Select Unity Instance** 对话框将显示，对话框中列出了可以连接的所有实例，如下图所示：

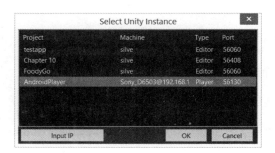

对话框显示 Unity 实例

- 选择与设备匹配的实例（*Type=Player*），并且单击 **OK** 按钮。
- 现在可以像在本地一样使用调试器了。

7. 请注意，在远程调试时，可能需要等待某些操作，例如变量检查，所以请耐心等待。因为编辑器需要从远程设备而不是本地检索状态。
8. 完成调试后，单击 MonoDevelop 或 Visual Studio 中的 Stop 按钮。这样使得调试器脱离，游戏继续运行。有时候，如果编辑器锁死（MonoDevelop 比较常见），则只能关闭编辑器。

远程调试是开发阶段调试代码的很好选择，但是有些情况下可能需要更高级一些的工具来处理。在下一节中，将介绍几种用于调试移动应用程序的高级工具。

高级调试

无论在 Unity 中花了多少时间，有一些高级的调试功能总是很有帮助的，特别是那些可以完全脱离开发计算机运行的功能。下面的列表是可能会考虑使用的一些高级调试工具：

工具	使用难度	描述	来源/链接
HUDDebug	简单: 从资源商店 (asset store) 下载	这在平台上创建了一个很好的集成调试工具。支持控制台、FPS、内存、堆和其他扩展	在资源商店搜索 HUDDebug
Unity Remote 5	容易: 困难 - 可能会遇到连接问题	这个工具正常工作时非常出色。它使你可以在移动设备上运行游戏，在编辑器中追踪 UI 和游戏输入。但是，由于连接问题，运行无法正常工作。希望这个工具能在将来的版本中克服这些问题	在资源商店中搜索 Unity Remote
Charles Proxy	中度: 困难	Charles Proxy 允许你配置来自移动设备的网络流量，以通过开发计算机进行路由并进行监控。如果移动设备遇到 Web 服务调用或正在使用高级的网络功能，这是你需要的工具。虽然该工具不是免费的，但了解网络问题将非常重要	www.charlesproxy.com，搜索需要的设备安装

虽然调试肯定是一个可以用来解决问题的工具，但这并不是你想要做的所有事情。了解游戏运行方式更好的方法是添加日志记录，将在下一节中介绍。

记录日志

如果已经在本书中读过了几个章节，能了解记录日志对于确保游戏按预期运行是很有价值的。在 Unity 中，除非创建写入文件或服务的自定义记录器，否则所有日志消息将输出到 Console（控制台）。在本节后面将创建一个自定义记录器。现在，来看看 Unity 提供的开箱即用的日志记录功能，列举如下：

- `print`：这是 `Debug.log` 的缩写。
- `Debug.Log`, `Debug.LogFormat`：以非格式化或格式化文本输出标准信息消息。消息伴随信息图标在 **Console** 窗口中显示。
- `Debug.LogError`, `Debug.LogErrorFormat`：输出非格式化和格式化的错误消息。消息与错误图标在 **Console** 窗口中显示。
- `Debug.LogException`：输出异常与一个错误图标到控制台。
- `Debug.LogWarning`, `Debug.LogWarningFormat`：输出非格式化和格式化的警告消息。消息与警告图标在 **Console** 窗口显示。
- `Debug.LogAssertion`, `Debug.LogFormatAssertion`：输出非格式化和格式化测试断言（assertion）的消息。

为了使用这些记录日志功能，可以将这些语句添加到脚本中的入口、出口或其他点。以下是 Unity 脚本的示例，展示了如何使用这些不同类型的日志记录：

```
using UnityEngine;
using System.Collections;
using System;

public class LoggingExample : MonoBehaviour {
  public GameObject target;
  public float iterations = 1000;
  private float start;
  // 用于初始化
  void Start () {
    Debug.Log("Start");

    if (target == null)
    {
```

```csharp
      Debug.LogWarning("target object not set");
    }

    if (iterations < 1)
    {
      Debug.LogWarningFormat("interations: {0} < 1", iterations);
    }

    Debug.LogFormat("{0} iterations set", iterations);
    start = iterations;
  }

  // Update每帧调用一次
  void Update () {
    //try/catch用作demo，不要在update方法中使用
    try
    {
      iterations--;
      Debug.LogFormat("Progress {0}%", (100 - iterations / start *
          100));
    }
    catch (Exception ex)
    {
      Debug.LogError("Error encountered " + ex.Message);
      Debug.LogErrorFormat("Error at {0} iterations, msg = {1}",
          iterations, ex.Message);
      Debug.LogException(ex);
    }
  }
}
```

LoggingExample类示范了在Unity中能够使用的多种类型的日志记录。LoggingExample类中，如果iterations的初始值设为0会发生什么？能做些怎样的修改使示例抛出一个异常？

记录日志

当然，大多数时候，将日志消息输出到 Console 窗口就足够了，特别是在开发过程中。然而，其他情况下，在游戏部署之后，无论是测试还是商业化，你可能仍然希望跟踪这些消息。幸运的是，有一个非常容易处理自定义日志输出的能力，如下面的类所示：

```
using System;
using System.IO;
using UnityEngine;
public class CustomLogHandler : MonoBehaviour
{
  public string logFile = "log.txt";
  private string rootDirectory = @"Assets/StreamingAssets";
  private string filepath;
  void Awake()
  {
    Application.logMessageReceived += Application_logMessageReceived
      ;

#if UNITY_EDITOR
    filepath = string.Format(rootDirectory + @"/{0}", logFile);
    if(Directory.Exists(rootDirectory)==false)
    {
      Directory.CreateDirectory(rootDirectory);
    }
#else
    // 检查Application.persistentDataPath中的文件是否存在
    filepath = string.Format("{0}/{1}", Application.
      persistentDataPath, logFile);
#endif
  }

  private void Application_logMessageReceived(string condition,
     string stackTrace, LogType type)
  {
    var level = type.ToString();
    var time = DateTime.Now.ToShortTimeString();
```

```
    var newLine = Environment.NewLine;

    var log = string.Format("{0}:[{1}]:{2}{3}", level,time,
        condition, newLine);

    try
    {
      File.AppendAllText(filepath, log);
    }
    catch (Exception ex)
    {
      var msg = ex.Message;
    }
  }
}
```

`CustomLogHandler` 通过将其自身附加到Awake 方法中的 `Application.logMessage-Received` 事件来起作用。每当 Unity 中有内容记录日志，都会调用此事件。该类的其余部分是关于配置正确的文件路径，如果需要创建文件夹，然后格式化输出，实际的日志记录发生在`Application_logMessageReceived` 方法中。虽然这个类可能不太适合移动平台，但它非常适合在编辑器或部署在桌面平台中跟踪日志运行的消息。在接下来的几节中，将介绍如何把日志处理用于调试和/或发布版本的部署中。

CUDLR

如果已经阅读了本书的一些章节，可能已经熟悉了 CUDLR，这是一个非常优秀的远程日志记录、调试和监测工具。对于那些错过第 2 章 "映射玩家位置" 中介绍 CUDLR 设置内容的读者，不用担心，因为将在这里对设置进行复习。当然，如果是由于 CUDLR 的问题来到这里，请参阅本章的最后一节 "每章的问题和解决方案"。

CUDLR 是一个远程的控制台，通过在游戏中创建的内部网页服务器（web server）运行。CUDLR 使用了输出日志的相同技术，但是它还提供对象检查甚至定制的功能。按照以下说明设置 CUDLR（如果已经完成这项工作，可以跳过这一节）：

1. 如果还没有建立第 10 章的项目，请打开一个新的 Unity 项目，然后从本书下载源代码的`Chapter_10_Assets`文件夹中导入`Chapter10.unitypackage`。

2. 从Assets/Chapter 10/Scenes文件夹中打开 **Main** 场景。

 CUDLR 已经包含在Chapter10包中。

3. 从菜单中选择 **GameObject | Create Empty**，重命名对象为CUDLR，并重置坐标变换为零。
4. 从 **Project** 窗口的Assets/CUDLR/Scripts文件夹中拖动Server脚本，放置到新的CUDLR游戏对象。
5. CUDLR默认设置运行在端口55055。在 **Inspector** 窗口中检视CUDLR游戏对象可以改变这个设置。现在只需要保留默认值。
6. 在编辑器中单击 Play 按钮运行场景，保持场景运行。
7. 打开浏览器并输入以下 URL：http://localhost:550555。
8. 浏览器中将打开 CUDLR 窗口，如下图所示：

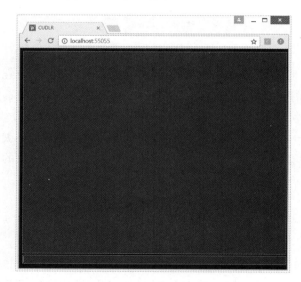

浏览器 (Chrome) 中的 CUDLR 窗口

9. 在窗口底部，输入下面的命令：

   `help`

10. 会产生如下输出：

    `Commands:`
    `object list : lists all the game objects in the scene`

```
object print : lists properties of the object
clear : clears console output
help : prints commands
```

11. 输入下面命令：

```
object list
```

12. 产生的输出如下：

```
CUDLR
Directional Light
Cube
Main Camera
```

13. 输入下面的命令：

```
object print Cube
```

14. 产生的输出如下：

```
Game Object : Cube
   Component : UnityEngine.Transform
   Component : UnityEngine.MeshFilter
   Component : UnityEngine.BoxCollider
   Component : UnityEngine.MeshRenderer
   Component : RotateObject
```

正如在本书中的一些章节中看到的，CUDLR 也可以用于捕捉在移动设备上运行的游戏的日志记录活动。使用 CUDLR，可以同时跟踪多台设备上的日志输出。当然，CUDLR 应该只用在调试或测试时捕获日志。许多原因致使我们不想发布的游戏中含有 CUDLR 创建的内部网络服务。

如果想在游戏发布后追踪严重的错误或异常日志怎么办？幸运的是，在 Unity 中提供了很多功能可供选择，将在下一节中查看其中的一项功能。

Unity Analytics

Unity Analytics 是立即可用的，每次发布一个游戏，都应该装备这项功能。提供关于玩家、游戏的分布以及许多其他指标的反馈是非常重要的。在本节中将介绍 Unity Analytics 的一些基础知识，然后快速深入使用该工具来跟踪关键错误和异常。能够掌握这些信息，将在现场测试或发布时对游戏提供更好的支持。

按照下面的说明在项目中开启 Unity Analytics 功能：

1. 从菜单中选择 **Window | Services**，**Services** 窗口将打开，通常在 **Inspector** 窗口的位置。

     Performance Reporting 同样可以报告错误信息，但是需要升级 Unity 账号。

2. 找到列表中的 **Analytics** 组，并将右侧的切换按钮设置为 **On**（打开）位置，如下图所示：

打开 Unity Analytics

3. 在 **Services** 窗口中单击 **Analytics** 面板。可能会提示确认游戏的年龄准则。如果需要，请选择大于 13 的年龄并继续。

4. **Analytics** 页面将在 **Services** 窗口中加载。单击正文下方的 **Go to Dashboard** 按钮。这将打开默认的浏览器，并进入 Unity Analytics 网站。可能需要使用 Unity 账号登录，请按照提示操作。

5. 页面加载后，应该看到与下面相似的截屏：

Unity Analytics 项目页面

现在，玩家、会话和其他指标可能会处于 0。这是预料之中的，因为只是刚启用了项目分析。现在，Unity Analytics 本身不会跟踪记录消息，但是我们可以使用一些自定义事件机制来跟踪错误或异常日志。幸运的是，所有这些工作已经被封装在一个名为 `AnalyticsLogHandler` 的脚本。

> Unity Analytics 不是实时运行的，这意味着通常将必须等待 12~14 小时才能看到结果。虽然这对于调试基本无用，但在部署到全球玩家时可能是一个有用的衡量。

请按照下面说明设置这个脚本：

1. 从菜单中选择 **GameObject | Create Empty**，重命名对象为 `AnalyticsLogHandler`，并重置坐标变换为零。
2. 从 **Project** 窗口的 `Assets/Chapter 10/Scripts` 文件夹中拖动 `AnalyticsLogHandler` 脚本，放置到 `AnalyticsLogHandler` 对象上。
3. **Main** 场景的 `Cube` 上附加的 `RotateObject` 脚本，在每次对象完成了一次完整的旋转后，记录一条错误消息的日志。
4. 在编辑器中单击 Play 按钮运行场景。等待一些旋转的错误消息记录在状态栏、**Console** 窗口或 **CUDLR** 窗口中。不幸的是，必须等待额外的 12~14 小时，才能在 Unity Analytics 图表面板页面中看到消息显示。

5. 在 14 小时后回到分析图表，选择 **Event Manager** 标签查看事件视图消息，如下面的截屏所示：

Unity Analytics 图表面板的 Event Manager 标签页

来看看AnalyticsLogHandler脚本，如下所示：

```
using UnityEngine;
using UnityEngine.Analytics;

public class AnlyticsLogHandler : MonoBehaviour
{
  public LogType logLevel = LogType.Error;
  void Awake()
  {
    Application.logMessageReceived += Application_logMessageReceived
        ;
  }

  private void Application_logMessageReceived(string condition,
      string stackTrace, LogType type)
  {
    if (type == logLevel)
    {
      Analytics.CustomEvent("LOG", new Dictionary<string, object>
```

```
            {
                { "msg", condition },
                { "type", type.ToString() }
            });
        }
    }
}
```

这个脚本更简单，但是其实现与早先看过的CustomLogHandler脚本类似。有一个主要的区别是使用Analytics对象创建一个CustomEvent，然后自动发送到Unity Analytics。在这个实例中，使用该方法来跟踪日志消息或其他错误情况。当然，可以在游戏中的任何地方添加这样的代码段来追踪自定义事件。

> **Event Manager** 使用了一个积分系统管理可以追踪的事件数量以及其他的分析。每个项目从1000积分开始，应该能满足大部分的追踪需求。

一旦开始收集自定义事件，无论是从错误还是其他常规游戏活动中，都可以绘制这些指标相对于其他指标的图表。例如，可以绘制每个用户或者每个游戏会话的错误数量，这将告诉你一个错误是严重的还是良性的，以及需要多快回应。如何设置这些图表不在本书的范围之内，但如果有时间，可以在Unity网站进行一些调查。

如你所见，Unity Analytics可以是一个很好的工具，不仅可以追踪玩家活动，还可以追踪像错误或其他自定义事件等活动。在本书的下一节也是最后一节中，将介绍在本书中可能遇到的其他问题，当然还有可能的解决方案。

每章的问题和解决方案

下面的表格按照章节列出了可能遇到的潜在错误和每个问题的可能解决方案：

章/节	问题	解决方案
1. 设置Android开发环境	adb命令无法找到设备	• 确认设备通过USB连接 • 确认USB线能正常连接其他设备 • 确认USB口工作正常，换一个USB设备（比如闪存盘）试试 • 确认设备打开USB调试 • 确认设备驱动已经安装 • 尝试重新插拔USB线几次，每次连接等待数秒

续表

章/节	问题	解决方案
1. 生成和部署游戏	项目无法生成 (Android)	• 确认 SDK 和 JDK 路径设置正确 • 确认包标识符（bundle identifier）与生成 apk 的名字一致 • 确认安装了正确的 SDK 平台，如果没有，打开 Eclipse 安装其他平台版本
1…8. 生成和部署游戏	生成过程中卡住不动	• 这是常见的问题，最多发生在插入设备时，耐心等待或者试着取消生成 • 如果此情况持续发生，关闭 Unity 后重新打开
2. 设置 CUDLR	无法连接 CUDLR	• 尝试更改 CUDLR 使用的端口，从 55055 改成（1024 - 65535）中的其他值 • 确认设备 IP 地址是否正确 • 确认 URL 语法是否正确 — http://IPADDRESS:PORT • 确认计算机或者设备没有运行的防火墙阻止了连接，如果是这样，对端口添加一条例外处理 • 确定游戏正在设备上运行 • 在 Unity 编辑器中运行游戏并尝试连接到本机 — http://localhost:55055
2. 添加地图瓦片和/或 2. 设置 GPS 服务	地图瓦片绘制成问好图像	• 确认纬度/经度坐标输入正确 • 如果在移动设备上，确认位置服务开启 • 如果在移动设备上，可以通过安装一个测试 app 或者使用 Google 地图（百度地图，如果使用了百度地图 API），确认 GPS 能正常工作 • 从 Console 或者 CUDLR 窗口复制 URL 到浏览器访问，以此检查被发送去请求瓦片的 URL 能否返回图像 • 等几个小时再试，可能超出了 IP 使用限制
6. 数据库	部署到设备后数据库无法工作	• 确认用于平台的插件设置正确 • 确定数据库版本遵从 #.#.# 的形式，默认是 1.0.0 • 如果部署到 iOS，确认使用了 IL2CPP • 停止游戏，从设备中卸载并重新部署游戏
7. 设置 Google Places API 服务	地点没有显示在地图上或者与位置不匹配	• 确认 GPS 服务正确运行，而且模拟模式根据需要关闭或开启 • 确认设备上的位置已经启用

续表

章/节	问题	解决方案
8.更新数据库	无法卖出怪物到一个位置	• 关闭Unity编辑器,删除Assets/StreamingAssets文件夹中的数据库文件 • 使用一个SQLite工具直接编辑或验证数据库内容。在http://sqlitebrowser.org/ 有一个很好的工具 DB Browser for SQLite,用来卸载游戏并重安装,这会重置数据库 • 捕捉一些低等级的怪物
	部署游戏到移动设备	查阅 第 1 章 "准备开始" 的章节

总结

本章是关于修复问题和解决在本书或者通常的开发过程中可能遇到的问题。先从 Console 开始,那是在 Unity 中遇到任何错误时应该查看的第一现场。从这里出发,我们跳转到查看一些典型的错误和警告,这些可能会使开发停摆。这把我们带入在代码编辑器中调试和远程调试的介绍。接下来进一步了解 Unity 中的日志记录功能,其中还完成了自定义日志处理的示例。接着又重新查看作为本地/远程控制台的 CUDLR,通过 CUDLR 可以连接到任何平台并跟踪日志消息,甚至检查对象。花了这么多时间来审查日志记录开发工具,还研究了使用 Unity Analytics 在游戏发布后捕获错误/异常消息。最后,查看了一个列表,其中列举了在本书中构建演示游戏时可能遇到的潜在问题和解决方案。

这里将结束基于位置的 AR 游戏开发的旅程。希望你能收获关于 Unity 游戏开发的许多方面的见解。从这里开始,我们鼓励你探索增强现实、GIS 以及 Unity 其他高级功能的开发。此外,希望你能够开始开发自己的基于位置的 AR 游戏。